垃圾填埋场封场风险因素分析与管理

贾赞利　马岚　兰杰　王伟　曹淑芳　著

中国建材工业出版社
北　京

图书在版编目（CIP）数据

垃圾填埋场封场风险因素分析与管理/贾赞利等著
.—北京：中国建材工业出版社，2023.12
ISBN 978-7-5160-3845-1

Ⅰ.①垃… Ⅱ.①贾… Ⅲ.①卫生填埋场—风险管理
—研究 Ⅳ.①X705

中国国家版本馆CIP数据核字（2023）第191569号

垃圾填埋场封场风险因素分析与管理
LAJI TIANMAICHANG FENGCHANG FENGXIAN YINSU FENXI YU GUANLI
贾赞利 马 岚 兰 杰 王 伟 曹淑芳 著

出版发行：中国建材工业出版社
地 址：北京市海淀区三里河路11号
邮 编：100831
经 销：全国各地新华书店
印 刷：北京雁林吉兆印刷有限公司
开 本：787mm×1092mm 1/16
印 张：9
字 数：260千字
版 次：2023年12月第1版
印 次：2023年12月第1次
定 价：39.00元

本社网址：www.jccbs.com，微信公众号：zgjcgycbs

前　言

“十四五”时期，我国生态文明建设进入以降碳为重点战略方向、推动减污降碳协同增效、促进经济社会发展全面绿色转型、实现生态环境质量改善由量变到质变的关键时期。垃圾填埋场的生态修复以及现有填埋场的减污降碳能源化将进一步助力“无废城市”建设和“双碳”目标的实现。全面推动实施生态环境高水平保护，提高资源利用效率，对我国生活垃圾分类和处理工作提出了新的更高要求。构建“无废”新能源、新产业、新旅游和新工厂，形成固体废物污染环境防治新发展格局，发挥减污降碳协同效应，推动城市绿色低碳转型，服务经济社会高质量发展，垃圾填埋场封场运行及管理尤为重要。

随着人们生活水平的提高，产生的生活垃圾不断增加，垃圾填埋是生活垃圾处理的主要方式之一。目前，我国已有 2000 座填埋场，截至 2005 年，被迫停止作业的老龄化垃圾填埋场有 335 座，未来 5 年内有 $80km^2$ 左右的填埋场土地需要修复。“十三五”期间，规划实施垃圾填埋场封场治理项目 845 个，拟封场处理能力达 15 万 t/d，占当前处理能力的 21%。目前生活垃圾填埋场的封场治理在我国已有明显趋势，封场项目已经进入建设高峰期，其中管理方面的问题逐渐显现，比如日常作业不规范、环保效率低下、技术应用水平不高、防渗系统不完善、渗滤液处理不达标等，这些问题都会给周边环境造成二次污染或带来其他隐患。因此，应采取有效措施对现有填埋设施进行改良和全面升级，以实现生活垃圾填埋场封场治理的规范化、高效化、有序化。应着重做好堆体边坡整形、渗滤液收集导排、填埋气收集处理、堆体覆盖、植被恢复设施建设等工作。应加强日常管理和维护，对封场填埋设施开展定期跟踪监测。鼓励采取库容腾退、生态修复、景观营造等措施推动封场整治，提升现有填埋设施运营管理水平。各地要加强对既有填埋场运行的监管力度，不断优化运营管理模式。应聚焦垃圾进场管理、分层分区作业、防渗与地下水导排、渗滤液收集处理、填埋气收集利用、恶臭控制等重点环节，根据填埋场环境管理目标，合理评价填埋场现状、环境管理的差距和潜力，识别填埋场生产过程中的环境污染控制因素，实施现有填埋设施升级改造。要根据当地实际情况，确定渗滤液和填埋气的收集与处理设施的总体建设设计方案，促进填埋场封场后的规范化管理和运营。

本书分析老旧垃圾填埋场现状并提出相应的治理措施和对策建议。老龄垃圾填埋场存在着固、液、气等多方面的健康风险，本书的内容覆盖垃圾填埋管理技术的各个方面，包括垃圾填埋场堆体健康风险评价、堆体的稳定性及整形方案、渗滤液的导排现状及控制设施、填埋气的收集与利用系统、封场覆盖系统和地表水控制情况、封场环境监测及影响评价、封场后资源化利用及管理措施等。本书可供垃圾填埋工程和废物集中处置中心技术人员、大中专师生、管理人员、科研人员参考。

本书由贾赞利、马岚、兰杰、王伟、曹淑芳著，由河北农业大学刘俊良教授和保定市环境卫生服务中心王俊生主审。

在本书编写过程中，河北农业大学刘俊良、张立勇教授，张铁坚副教授和李宏军老师提出了宝贵意见，在此表示衷心感谢。感谢河北省重点研发农村人居粪污“零碳”处置关键技术研发与示范项目和河北农业大学引进人才专项 YJ2021049 给予的帮助。

作者在编写过程中参考了一些研究成果、工程案例和技术文件，主要参考文献已附于书后，向这些文献的作者表示衷心感谢。

由于作者水平有限，书中难免有不足或疏漏之处，恳请广大读者批评指正。

著　者

2023 年 6 月

目 录

1 概　　述

1.1 我国城乡生活垃圾的来源和处理趋势

生活垃圾的来源主要包含以下几种：一是日常生活中产生的固体废物；二是为日常生活提供服务的活动中产生的固体废物；三是法律、行政法规等规定的可视为生活垃圾的固体废物。按照性质不同，通常将生活垃圾分为厨余垃圾、可回收垃圾、有毒有害垃圾和其他垃圾等。生活垃圾产生量与人口数量、经济发展水平、居民收入、消费结构、燃料结构、管理水平、地理位置以及季节气候等因素有关。随着社会经济的发展，人们的生活水平显著提高，垃圾产生量也日益增多。目前，统计部门一般采用清运量来统计数据，而此类数据受垃圾回收率及清运率的影响，通常垃圾清运量小于产生量。据国家统计局《中国统计年鉴 2021》的数据，2020 年全年我国城市生活垃圾清运量 23511.7 万 t，截至 2020 年年底，全国设市城市共有生活垃圾无害化处理场（厂）1287 座，日处理能力 96.35 万 t，无害化处理量 23452.3 万 t，生活垃圾无害化处理率达到 99.7%。图 1-1 为 2017—2022 年中国城市生活垃圾清运量。

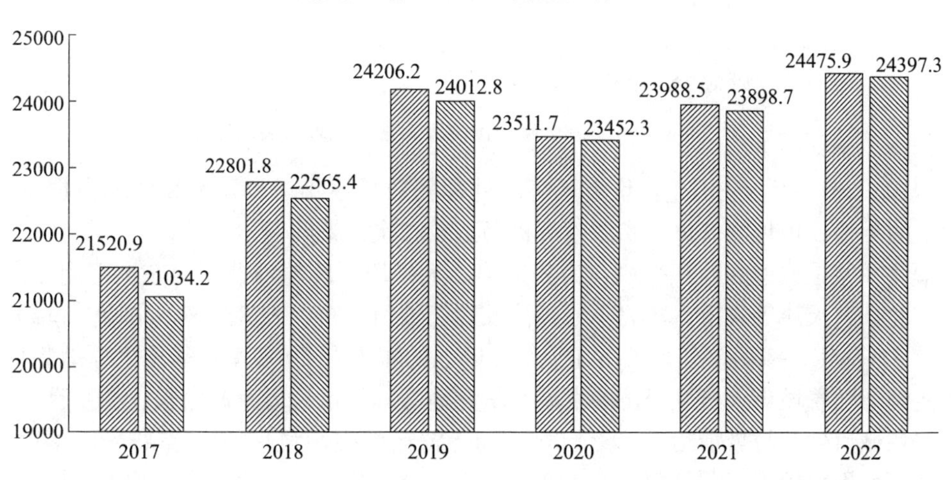

图 1-1　2017—2022 年中国城市生活垃圾清运量

生活垃圾的种类多样、成分复杂，地理位置、气候条件、经济发展水平、居民生活水平与习惯、能源结构以及季节等差异都影响生活垃圾的物质组成成分，城乡垃圾组分存在差异，更加复杂多变。总体而言，随着城市建设的推进，城市生活垃圾中的建筑垃圾比重增大；包装技术的发展和包装商品的增加，致使城市生活垃圾中的纸张、塑料、金属、玻璃等增加；家庭燃料结构的改变，使生活垃圾中的无机炉灰比重下降。宏观来看，城市生活垃圾中可燃物和可堆腐物质所占比例较高。此外，生活垃圾产生的来源不同对其含水率、有机质、碳氮比、热值等参数都有不同程度的影响，这造成城市垃圾处理难度大、处理不彻底和二次污染多等问题。

我国生活垃圾处理的方式主要有填埋、焚烧、堆肥等，总体来看，垃圾无害化处理率逐年提高，截至2019年，我国城镇生活垃圾无害化处理率高达98.1%，与2016年的51.3%相比年均增长7.24%。此外，县城生活垃圾无害化处理率从2006年的7%增长到2019年的94%，表明我国生活垃圾无害化处理工程建设从城市向县城及农村地区下沉和转移。青海省截至2021年年底城市及县城生活垃圾无害化处理率达98.08%，覆盖城市、县城、乡镇、村庄的生活垃圾收集、转运、处理体系初步建立。图1-2为2006—2022年我国垃圾无害化处理发展情况。

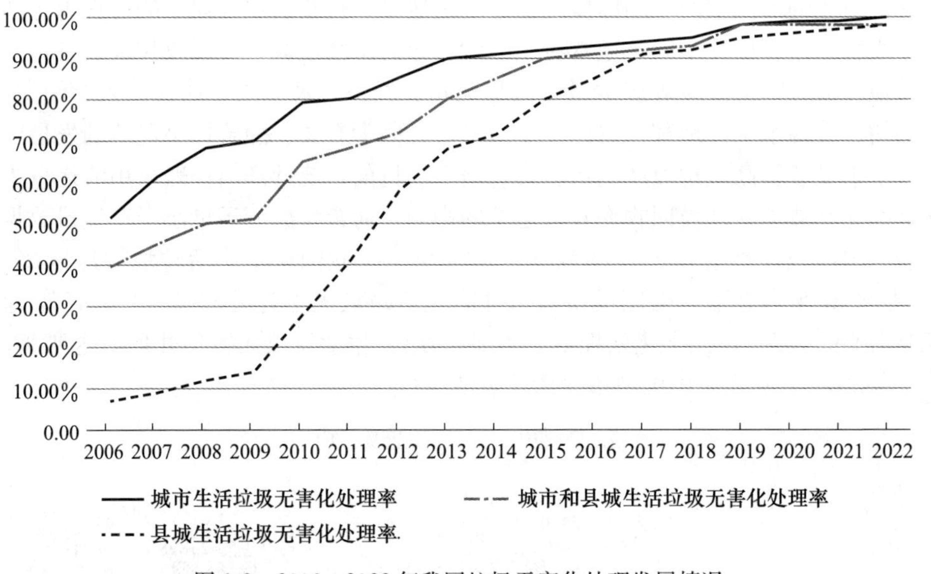

图1-2　2006—2022年我国垃圾无害化处理发展情况

2010—2018年，我国生活垃圾无害化处理场数量逐年增长，垃圾填埋占据城市周边大量的土地，填埋场气体、渗滤液等极易造成二次污染问题。

华北平原是典型的冲积平原，为我国第二大平原，跨越河北、山东、河南、安徽、江苏、北京、天津等省市。华北平原经济发达，城镇密布，人口众多，平原人口约占全国的1/5。除京、津两市外，人口在100万以上的城市有20多座。华北平原地势低平，交通便利。随着城市人口及经济的发展，华北地区的城市垃圾急速增长。据统计，2016年华北各城市生活垃圾清运量接近5000万t，清运的生活垃圾60%左右采用填埋无害化处理，垃圾填埋无害化处理厂共153座。生活垃圾分类和处理设施是城镇环境基础设施的重要组成部分，是推动实施生活垃圾分类制度，实现垃圾减量化、资源化、无害化处理的基础保障。目前，我国生活垃圾通过垃圾分类后运送至垃圾处理工厂，工厂处理方式主要以填埋和焚烧为主。根据国家统计局的数据，2015—2022年，我国生活垃圾无害化处理厂数量逐年增加，其中2020年无害化处理厂数量达到1287座，而2022年我国生活垃圾无害化处理厂数量达到1533座。由于华北平原地势平坦，垃圾填埋场一般埋深较浅，需要下挖和堆高，渗滤液重力导排困难且外围不易形成屏障，填埋场容易对周围环境造成影响。2015—2022 年各处理方式无害化处理厂数量分布情况见图 1-3。

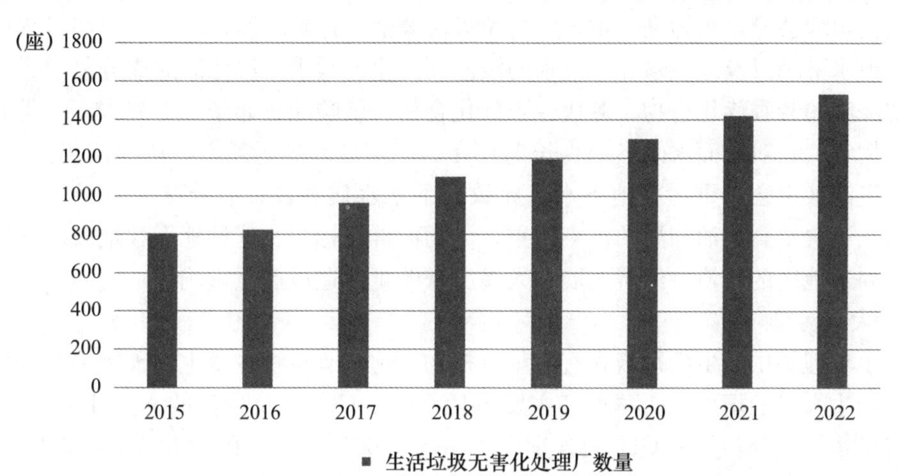

图 1-3 2015—2022 年各处理方式无害化处理厂数量分布情况

受经济技术条件所限，建于 20 世纪末或 21 世纪初的填埋场，目前已进入填埋老龄化阶段。一方面，这些填埋场设计施工标准较低，防渗系统、渗滤液导排以及雨污分流系统不完善，存在着渗滤液渗漏、导排不畅及雨水入渗等情况；另一方面，填埋场气体收集利用系统不完善，甚至没有进行有效收集，而处于无组织排放状态。长时间的连续运行，使下部的渗滤液导排系统结垢、堵塞，引起填埋堆体渗滤液液位上升，从而影响堆体稳定，同时，上升的渗滤液占据堆体空隙，使填埋场气体的正常逸出受阻，这给填埋场的运行带来安全隐患，同时影响填埋场气体的收集利用，也对周边地表水、地下水及大气环境造成二次污染。此外，填埋场的使用年限也会影响渗滤液水质，进入老龄期的垃圾填埋场渗滤液组分发生变化。相关研究表明，初期填埋场所产生的垃圾渗滤液中有机污染物浓度较高、氨氮浓度较低、可生化性较强，一般建议采用生化方法处理。而随着垃圾填埋时间的延长，中龄垃圾渗滤液中的有机物含量迅速下降，而氨氮浓度显著提高，导致可生化性差和 C/N（碳/氮）低，不适宜直接采用生物方法进行处理。而老龄垃圾渗滤液的有机物含量过低，氨氮浓度极高，导致 C/N 严重失调，对微生物产生明显的抑制作用。

同时，受国家政策影响，未来生活垃圾终端处置将以资源化利用和焚烧发电为主要途径，现有的填埋场渗滤液和填埋场气体处理系统既持续影响堆体安全、环境健康，也会继续消耗能源资源，并对填埋场区二次开发形成障碍。

1.2 填埋场二次污染产生机理、危害与控制研究

1.2.1 填埋场二次污染主要类型及产生机理

垃圾填埋会对环境造成多种污染，主要包括水、大气和土壤污染。监测结果显示，目前全国城市生活垃圾填埋场的污染物排放指标尚未全部达到国家标准。如果这些污染物不经过处理而直接排放，将极大地影响周边环境。

1. 水污染

垃圾填埋会导致水污染，主要源自垃圾渗滤液。这是垃圾在堆放和填埋过程中由于发酵、雨水淋刷以及地表水和地下水的浸泡而产生的污水。渗滤液的成分复杂，包含难以生物降解的芳香族化合物、氯代芳香族化合物、磷酸酯、邻苯二甲酸酯、酚类和苯胺类化合物等。它对地面水的影响将长期存在，即使填埋场封闭后一段时间仍然有影响。同时，渗滤液也会严重污染地下水，导致地下水水质浑浊、有异味，COD（化学需氧量）和三氮含量高，油和酚的污染严重，大肠菌群超标等。这种地下和地表水体的污染必将对周边地区的环境、经济发展和人民群众的生活造成严重影响。

2. 大气污染

卫生填埋场中的生活垃圾含有大量有机物，这些有机物在微生物厌氧消化和降解过程中会产生大量的填埋气。填埋气主要包括 CH_4、CO_2 以及少量的 N_2、H_2S、H_2 和挥发性有机物等成分，其中 CH_4 的含量可达 40%～60%。CH_4 和 CO_2 是主要的温室气体，其中 CH_4 对 O_3 的破坏程度是 CO_2 的 40 倍，产生的温室效应比 CO_2 高 20 倍以上，从而导致全球气候变暖。甲烷具有易燃易爆的特性，当其与空气混合比达到 5%～15%时，极易引发爆炸和火灾事故。填埋气还散发出难闻的恶臭气味，其中含有多种致癌、致畸的有机挥发物。如果不采取适当的回收处理措施而直接向外部环境排放，将对周围环境和人员造成不可逆的伤害。

3. 土壤污染

城市生活垃圾中含有大量的玻璃、电池和塑料制品，它们直接进入土壤会对土壤环境和农作物生长构成严重威胁，其中废电池的污染最为严重。资料显示，每节一号电池可以使 $1m^2$ 的土地失去使用价值。废旧电池中含有镉、锰、汞等重金属，这些重金属进入土壤和地下水源后，对人体健康造成严重危害。目前我国每年消耗约 140 亿节电池，大多进入土壤中。大量不可降解的塑料袋和塑料餐盒被埋入地下，即使过 100 年也难以降解，导致垃圾填埋场占用的土地大多变成废地。因此，在填埋场选址时，许多城市面临巨大阻力，郊区农民拒绝收垃圾，反对在当地建立填埋场的事件屡见不鲜。而在我国许多大城市和人口密集的东南沿海城市，填埋场的建设也面临无地可用的问题。

在特定条件下，某些污染物会改变其原有性质和形态，并生成新的反应较强、不稳定的污染物，这就是二次污染。在垃圾填埋场中，二次污染主要包括以下类型和危害：首先，垃圾渗滤液的迁移和渗透对地下水和周围环境造成危害；其次，垃圾渗滤液产生的各种气体泄漏对生态环境带来危害和风险；再次，垃圾渗滤液填埋场滋生各种害虫；最后，垃圾填埋会引发各类地质问题，可能导致填埋场及周边地区发生地质灾害等。

垃圾填埋场的二次污染主要表现为渗滤液和填埋场气体。垃圾无害化填埋场可以看作一种特殊类型的生态系统，其主要输入包括固体垃圾和水，主要输出则是渗滤液和填埋场气体。这是填埋场内生物、化学和物理过程共同作用的结果。

水分的输入或自然产生会引起垃圾的分解、溶出和发酵等反应，导致大量的无机物和可溶性污染物混入垃圾渗滤液中。同时，垃圾降解产生的 CO_2 会溶解在渗滤液中，使其呈酸性，从而导致难溶于水的金属及其氧化物溶解，使垃圾渗滤液中存在复杂的环境有害成分、多种重金属和极高的污染物浓度。

垃圾填埋场中固体垃圾经过堆积或填埋处理后，其中含有的有机物在微生物作用下可以进行消化作用产气，即产生填埋场气体，其中含有氨、氢、甲烷等大量有害可燃成分，成为垃圾卫生填埋过程中形成的与渗滤液并行的两类二次污染物。垃圾填埋后形成封闭环境，填埋场气体的产生过程如下：①由于供氧迅速耗尽（但不彻底），微生物成长的有氧阶段相对较短；②厌氧产酸的微生物开始出现；③好氧和厌氧细菌分解垃圾中的长链有机复合物（主要是碳氢化合物）生成有机酸根，产生的气体主要是CO_2；④在填埋场封闭后的11～40d内为产生CO_2的高峰期，这个阶段产生90%的CO_2，耗尽氧气；⑤随后生成CH_4的微生物开始占主导地位；⑥厌氧细菌利用酸生成CH_4、CO_2和水；⑦填埋场封闭180～500d后，CH_4不断增加，CO_2不断减少，但要形成连续的CH_4气流需1～2年，5年后产生大约50%。城市垃圾填埋场中每1t垃圾每年产生的CH_4为1.2～5.9m^3，以一个300万t/年垃圾填埋量的大型填埋场为例，其每天会产生7300～44600m^3的CH_4。垃圾填埋场气体一部分通过堆体表面释放进入大气，这部分气体常伴随恶臭气味，会严重污染周边的空气；另一部分通过堆体下方的地质构造向周边进行水平迁移，从地质较为薄弱的地方逸出进入大气环境中。填埋场气体成分复杂，是多种气体的混合体，其成分受到填埋垃圾的组分、含水量、温度、pH值、填埋年限、堆体构造、地质条件以及气象条件等多种因素的影响，而填埋场气体的产生和释放也是由上述多种条件共同作用的。填埋场气体虽然成分复杂，但是有研究发现其具有一些较为明显的共有特征。一般的填埋场气体主要成分是填埋垃圾厌氧消化所产生的CH_4、CO_2，气体中一般还会混有少量的NH_3、H_2S、N_2等。另外，在填埋场气体中还检测到多种微量的挥发性有机物，主要包括氯代烃类和苯系物等。

1.2.2 填埋场主要二次污染危害

1. 垃圾渗滤液

垃圾渗滤液来源主要有四个途径：一是填埋的垃圾在堆放过程中有机物分解产生的水；二是垃圾中含有的游离态水；三是渗入垃圾填埋堆体的降水；四是地下水入渗并通过浸泡垃圾形成的污水。不同条件下，渗滤液产生量不稳定，水质成分也复杂多变，其中有机物和氨氮含量高，处理难度大，费用高是垃圾渗滤液处理的主要难点。垃圾渗滤液污染及延伸影响主要分为以下四个方面：

1）垃圾渗滤液的水质特征较为明显，主要表现为有机污染物、氨氮、色度和重金属等水质指标含量高，渗滤液中各种营养物比例严重失衡导致可生化性差，垃圾渗滤液的水质和水量易受环境条件的影响呈现明显的波动。根据垃圾堆体的填埋时间来划分，可将垃圾渗滤液的变化分为调整期、过渡期、产酸期、产甲烷期、成熟期等。中国环境科学研究院曾报道垃圾渗滤液中至少含有93种有机污染物，其中有23种已被列入我国的重点控制名单，1种可直接致癌，5种可诱发致癌。除此之外，垃圾渗滤液中高浓度的重金属、盐类和多种病原微生物都具有较大的危害。

2）目前国内部分垃圾渗滤液处理设备或设施难以稳定运行，缺少经济合理可行、技术工艺完善、能够稳定达标的工程范例，并由此带来一定的环境问题。从世界范围来看，垃圾渗滤液造成严重的环境污染危害广泛存在。1997年美国上万座垃圾填埋场中有近一半对水体产生了污染；德国也曾出现过距离填埋场 4km 远的水体受渗滤液影响而出现水质恶化的事件。我国兰州东盆地雁滩水源地因垃圾渗滤液污染而废弃；澳门与珠海交界处的茂盛围也因澳门垃圾渗滤液污染造成农田颗粒无收，甚至河流鱼虾绝迹的现象。渗漏以及未达标排放的垃圾渗滤液进入环境水体中，会导致对周边环境的多方位影响和危害，主要表现为对地下水和地表水等水体的侵害，对田地等土壤的侵蚀以及在大气方面所带来的不利影响。此外，垃圾渗滤液中的多种有害物质可以通过食物链富集并最终进入人体，可能造成极大的健康风险。垃圾渗滤液可能入渗地下水含水层，从而危害地下水的水质，据报道垃圾渗滤液对地下水含水层的影响可达 60m 深的垂直距离，造成地下水水质污染，表现为浑浊恶臭，COD、氮含量高，油和酚污染严重；此外，渗滤液中的重金属会对周围环境产生影响，同时高浓度的重金属也对生物处理产生毒性，影响其处理效率。

3）垃圾渗滤液的运移影响填埋场的长期安全运营。一方面填埋场渗滤液水压、水位及运移影响填埋场边坡稳定。垃圾填埋场中底部垃圾渗滤液的水位对堆体的稳定性影响巨大，垃圾渗滤液的水位超过一定范围可能导致部分垃圾渗滤液发生侧向泄漏，即未经良好导排的渗滤液会沿着堆体侧向流动。垃圾渗滤液的侧向渗漏导致周围环境的污染、填埋场地漫水、空气恶臭等，也不利于后续的填埋作业。此外，随着底部垃圾渗滤液水位的提高，垃圾堆体中孔隙水的压力升高会降低堆体的抗剪切强度，同时带来堆体边坡失稳的问题。2000 年欧洲和北美洲的 10 个垃圾填埋场发生失稳破坏，调查结果表明均与填埋场的垃圾渗滤液有关；而渗漏的渗滤液污染了周围环境，造成了人员伤亡。同时，垃圾渗滤液液面太高会影响防渗系统，导致防渗膜上水头过大使防渗层破损。

4）垃圾渗滤液水位及运移影响填埋场气体的排放与收集利用。1988 年之前，我国大部分填埋场并没有设置填埋场气体收集设施，填埋场气体的无序排放会造成大气环境污染，危害周围居民的健康和安全，如果导排不畅，则有火灾、爆炸的潜在危险。1998 年，《京都议定书》提出的 CDM 机制（清洁发展机制）和碳排放权交易促进了填埋场气体收集利用技术的发展。目前，我国相继建成了一批填埋场气体回收利用项目，其中大部分项目是利用回收的填埋场气体进行发电。但是，如果堆体内渗滤液水位过高，既会减小填埋场气体的产生空间，又会对填埋场气体集气井起到水封的作用，不利于填埋场气体的收集。相关研究通过对垃圾填埋场中渗滤液水位对填埋场气体收集的影响的研究，提出如果采取适宜的手段主动降低垃圾渗滤液的水位，抽气竖井的影响范围和效率可以得到显著提升。此外，对初期填埋垃圾降解产生的渗滤液进行液位控制极为关键，对从堆体中进行填埋场气体的收集具有重要意义。在工程实践中可采用对垃圾进行预处理脱水或对堆体主动排水等方法来主动降低堆体内渗滤液水位。

2. 填埋场气体

在填埋场气体中检测到的 140 种以上的成分中，90 种以上普遍存在，这些气体含量低，挥发性强，毒性大，具有明显的危害性。

垃圾填埋场气体的二次污染类型主要分 3 种：

1）温室气体 CH_4 和 CO_2。填埋场气体中的这两种气体总量巨大，可占总量的 95%～

99%，而其中又以CH_4为主（50%～70%），CO_2含量占30%～50%。这两种气体均为主要的温室气体，可带来严重的温室效应从而对全球环境造成很大影响。一般认为CH_4的温室效应更甚，可达CO_2的21倍。据统计，英、美等国通过垃圾填埋场向外排放的CH_4量分别高达220万t和1160万t；我国的排放量逐年递增，其中CH_4占温室气体排放总量的比例从2000年的3.38%上升到2020年的7.19%。因此，对填埋场气体的处理对全球环境发展具有重要的意义，垃圾填埋场气体的收集和利用已经成为生活垃圾无害化管理的重要研究方向。

2）H_2S、NH_3和N_2等的总量约占填埋场气体含量的5%，而其中的H_2S、NH_3由于具有较强的挥发性和刺激性气味，是造成环境恶臭的主要原因。一般情况下垃圾填埋场的恶臭气体影响范围在2km内；当温度、风速、风向等条件适宜时，气体逸散速度和范围更广，往往可达6km左右，造成大范围的空气污染。对我国300多个垃圾填埋场的气体监测结果显示，填埋场气体中无组织排放导致的H_2S可超标达7.6%。

3）垃圾填埋场气体中的微量气体种类繁多、成分复杂，主要是一些微量挥发性有机化合物，其总数达100多种。英、美等国的垃圾填埋场监测了填埋场气体中的微量挥发性有机物，发现苯、三氯甲烷和氯乙烯等有毒有害气体大量存在；此外，填埋场气体中挥发性有机物种类超过140种，其中超过90种在各个填埋场中均有检出。而我国的垃圾填埋场中的微量气体成分十分复杂，且有毒有害污染物浓度极高，往往超过标准限制数倍不止。垃圾填埋场气体的污染和潜在毒害作用已经引起广泛关注。

垃圾填埋场必须对垃圾填埋场气体进行安全处理和控制。填埋场气体不断在场内聚集，通常表现为新近填埋的区域较已经填埋区域有害气体浓度更高，场区内较场区外气体浓度高，当场区内的气体浓度过高时，由于压力升高将迫使填埋场气体进行迁移和扩散。这种由于填埋场气体无控制的扩散在某些条件下极易引发火灾、爆炸等安全事故，属于场区运行的重大安全隐患，对现场人员的安全和健康带来极大的威胁。由于垃圾填埋场气体爆炸而导致人员伤亡的事故近年来屡有发生，造成巨大的人员和财产损失。

同时，垃圾填埋场气体由于挥发性强，刺激性气味浓烈，可对人体的呼吸道、消化、内分泌和神经等系统造成危害，导致各种不适反应。当填埋场气体气味过于强烈时，可能致使人员昏迷甚至窒息死亡。长期在垃圾填埋场中工作和生活也会出现各种职业病，严重时会产生各种致癌效应。综上所述，垃圾填埋场气体是填埋场区域的环境问题，其恶臭问题经常引发公众事件，处理不好将成为公众关注的重点和焦点。社会上抵制垃圾填埋，禁止在生活区域附近建造垃圾填埋场的呼声此起彼伏。

1.2.3 垃圾填埋场二次污染控制研究

国外对垃圾渗滤液迁移规律的研究较为成熟，研究者采用各种数学模型对垃圾渗滤液的水量、水质等指标进行研究。美国学者Sweet在1975年对一处木材加工废弃物填埋场进行了长达两年的研究，主要考察了该垃圾填埋场中垃圾渗滤液产生、迁移和对周边环境以及地下水的影响。随后，Straub等在堆体各向同性均匀的假设基础上，建立了垃圾渗滤液的迁移扩散降解模型；而Korfiatis等则在堆体为均匀多孔介质的假设基础上提出了垃圾渗滤液的非饱和迁移扩散模型。20世纪80年代中期，美国研究机构开发了能够测试填埋场性能的水文平衡计算模型（HELP模型），并通过该模型成功模拟了垃圾填埋场中的渗滤液产生和分布规律，为垃圾渗滤液迁移规律的研究提供了重要的理论基础和研究工具。除了上面提到的这些模型外，Khanbilvardi和Ahmed等基于不同饱和程度水分的二维FILL模型、Kjeldsen等提出的包含垃圾堆体中固、液、气三相中有机化学物质分布的MOCLA模型，以及在各垃圾层及中间填土隔层水力传导率基础上建立起来的水均衡方法模型都得到了广泛的研究和发展。近年来，国外学者又对上述模型进行了发展和改进。目前，应用最广泛、最具有代表性的较为成熟的水分、气体及污染物迁移模型有HYDRUS模型和LEACHM模型等。

国外在渗滤液导排系统的研究主要集中在系统堵塞方面。加拿大的Reagan Mclsaac等发现渗滤液在非饱和排水层很少产生堵塞，认为主要是因为渗滤液在非饱和排水层中具有较短的停留时间和零星的生物滤膜堵塞物分布限制了细菌和渗滤液的接触程度，从而限制了在非饱和层中生物介导堵塞的产生。由此可见，国外学者在导排系统堵塞机制方面研究较多，其基本认为是由于微生物介导的金属离子化学沉淀及微生物代谢等复杂过程产生的沉淀造成了收集系统的堵塞。

国外在垃圾渗滤液处理方面的专门研究则是伴随垃圾填埋场卫生防护设施不断完善、环境保护意识提高和自然科学技术发展而逐步开展和深入的。由于渗滤液水质水量的复杂性、毒害性、高浓度性，截至目前尚无报道宣称有特别完善的低耗高效处理工艺，相关研究或工程实践大多根据填埋场及渗滤液原有水质水量情况、经济技术条件、环保要求等提出有针对性的处理方案和工艺。常见报道的渗滤液处理方法包括但不限于土地法、生化法、物化法及其组合。其中，土地法实际上利用垃圾堆体自身的过滤作用，利用垃圾层-微生物系统的吸附、离子交换、化学沉淀和生物降解性能，对渗滤液中的污染组分予以去除的一种方法，是一种物化法、生物法和生态法的联合处理过程，其形式主要是渗滤液回灌和土壤植物处理系统。土壤处理系统利用植物和微生物的生长和代谢作用，可以有效降解垃圾渗滤液中的各种有机物，降低处理费用。特别需要提出的是，生物法由于运行维护简便、处理效率较高、无二次污染等优势而被广泛用于各种生活生产污废水的处理。生物法根据其运行过程中对氧气的控制可分为好氧和厌氧生物处理。其中好氧生物处理工艺可以有效去除污水中的有机物和氨氮；此外，好氧生物处理方法对其他污染物如铁锰等金属也有一定的去除效果。由于垃圾渗滤液中有机物和氨氮浓度普遍较高，一般采用的好氧生物处理工艺包括活性污泥法、稳定塘、氧化池、生物转盘等工艺均需维持较长的水力停留时间，因此这些工艺往往流程较长，运行维护费用也因此大幅增加。化学沉淀、氨吹脱、吸附、膜分离、电解、高级氧化等多种物理化学方法也可用于垃圾渗滤液的处理，比如有机物浓度在2000～4000mg/L范围内的垃圾渗滤液宜采用物理化学方法，50%～90%的COD可以被去除。物化法的主要特征是反应速度快、不受水质水量波动的影响、去除效果稳定、对原水的可生化性要求低等，对于难以采用生物法或者采用生物法不经济合理的垃圾渗滤液可以采用物化法进行处理，可以达到较好的效果。

国内在本领域研究是以渗滤液污染防治为出发点开展污染物研究，经历了从被动处理到主动预防的发展过程。垃圾填埋场的渗滤液收集与排放、气体控制以及封顶等系统就是针对垃圾填埋场中的固体垃圾、渗滤液及所产生的填埋场气体而设计的，目的是尽量减少固体垃圾、渗滤液和有毒有害气体的迁移和扩散，尽可能降低对周围环境的影响。总体来说，这些系统的策略包含防、堵、排、治等方面。首先是要防止降雨、径流和地下水等进入填埋堆体，避免增加渗滤液产量和处理系统的负荷；采取有效措施尽量封堵垃圾填埋堆体，避免堆体中的固、液、气进入周边环境；根据垃圾填埋的规律，及时排出堆体中产生的渗滤液、填埋场气体等，降低渗滤液渗漏污染和无序迁移的风险，消除爆炸隐患；采用合适的工艺对垃圾渗滤液和气体进行无害化处理处置，实现达标排放。此外，尽可能利用垃圾渗滤液和气体中的可利用资源，实现资源化利用。城市生活垃圾由于清运量巨大，需要经常作业进行填埋，因此每天填埋工作完成后需要及时进行惰性土回填覆盖工作，一方面可减少外来水进入，避免气体泄漏，另一方面能实现填埋区域分区的目的。

我国目前正从对垃圾填埋场区优化以及对渗滤液和气体的处理方面向填埋区防渗、渗滤液和填埋场气体导排、堆体覆盖等预防性工程措施方面转变。《生活垃圾卫生填埋处理技术规范》（GB 50869—2013）等技术规范为垃圾填埋场的设计和建造提供了充实的依据。受限于我国总体的固体废弃物处理处置水平，我国目前在城市垃圾的处理和利用方面与欧美等发达国家相比，还存在不小的差距。

由上述分析可见，针对垃圾填埋场的研究，国外主要侧重于理论分析和数值建模，国内学者则多是将国外较成熟的模拟方法或模型应用在具体工程上进行应用研究；在工程实践方面，国内外研究进展趋于一致，大多将垃圾填埋堆体视为生物反应器，通过预设或后置的人工防渗系统、渗滤液收集系统、填埋场气体导排系统、渗滤液处理系统等主动的工程措施控制污染。

在渗滤液产流和渗出理论研究方面，国外学者将垃圾堆体视为非饱和多孔介质，运用非饱和渗流理论研究和描述垃圾堆体含水量和基质吸力、渗透性的关系，并在此基础上建立一系列数学模型，估算最大浸出液水头与上部渗流强度、防渗层坡比、渗透系数的关系；国内学者则对垃圾渗滤液收集导排浸润线控制方程进行了系统研究，并对渗滤液收集和处理系统的结构布置要求、特点和功能做了充分的阐述，建立了渗滤液在饱和带的一维稳态侧向流动方程，并得到工程验证。由此可见，渗滤液产流收集导排研究反映了从初级向高级、从理论向应用的发展趋势。但是，具体到华北独特环境条件下的平原型填埋场渗滤液产流收集导排研究却鲜见报道，关于同一填埋场不同填埋单元渗滤液的相关研究也较少。

在渗滤液和填埋场气体导排系统研究与实践方面，相关单位主要依据《生活垃圾卫生填埋处理技术规范》（GB 50869—2013）的规定，围绕导流层、收集管、集水池、提升管、潜水泵等组成的渗滤液收集系统和抽气井、集气管、积水导排系统、真空源等组成的填埋场气体收集系统开展各自独立的优化研究。经实践检验，上述导排系统主要缺陷在于：①收集系统容易受填埋场静荷载或填埋作业设备动荷载作用而变形甚至破坏，也极易被垃圾颗粒堵塞；②对导排系统周边产生的渗滤液能够顺畅导排，而对位于填埋堆体上层、中间或远离导排系统产生的渗滤液则不能及时导排；③填埋场气体安全顺畅导排的前提在于产气层水位低、集气管布局合理、填埋作业区动力装置少，而现有填埋场气体导排系统较难符合前述要求；④渗滤液和填埋场气体大多采用独立的收集导排系统，鲜有优化组合研究和工程实践，增加了填埋场二次污染控制的投资和管理难度。

在渗滤液处理研究方面，很多学者综合运用材料学、生物学、流体力学、物理学等多学科知识，以生物化学、膜处理等核心技术为主体工艺，开展了全面系统的渗滤液无害化处理及资源化回用研究，并进行了工程实践，取得了较好的减排效果。但是，上述工艺多以高投入方式换取污染物减排，大幅增加了垃圾卫生填埋处理企业的运行压力，尤其对乡镇或农村区域小型垃圾卫生填埋场良性运转是较难破解的瓶颈。因此，开发简便易行的渗滤液物理化学预处理工艺，探索低耗、高效的渗滤液工艺，对于填埋场安全健康运行尤为关键。

1.3 填埋场运营管理概况

1.3.1 垃圾填埋工艺

1. 填埋工艺分类

填埋场严格按照《生活垃圾卫生填埋处理技术规范》（GB 50869—2013）和《生活垃圾填埋场污染控制标准》（GB 16889—2008）规范作业，填埋区采用卫生填埋方式，填埋工艺采取分区、分层作业方式，其作业流程如图 1-4 所示。

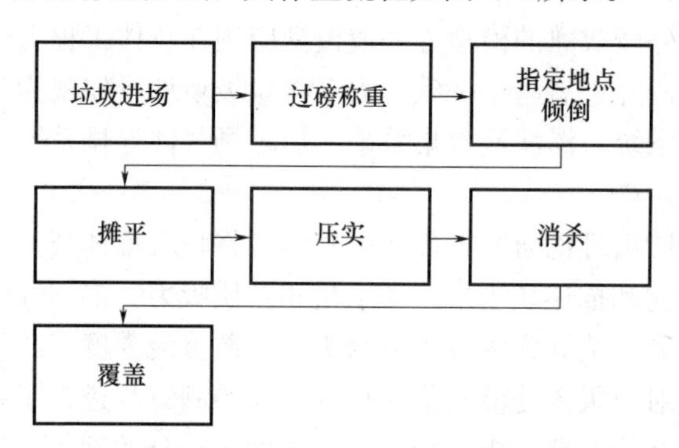

图 1-4　垃圾填埋作业流程

由主通道和次通道将填埋区划分为三个作业区，然后在各个区分单元分层作业；同时，控制堆体的坡度，保证边坡的坡度不大于 1∶3，确保填埋堆体的稳定性；采用自重压实机进行压实，每次垃圾摊铺厚度为 40～60cm，从作业单元的边坡底部到顶部摊铺，压实密度大于 $1000kg/m^3$；单元填埋高度为 2～4m，日（单元）覆盖厚度为 20～30cm；每一作业区完成后进行中间覆盖，土覆盖层厚度宜大于 30cm。进场垃圾做到当日进场、当日填埋、当日覆盖压实、当日消杀。

2. 填埋工艺流程介绍

垃圾填埋场的工艺流程要遵从资源化、无害化和减量化三个原则，具体流程为：①垃圾的运送，即利用垃圾车经陆地将垃圾运入填埋场中的磅秤上，称重后按照设定好的线路和速度运至作业单位；②垃圾的分选，即利用分选机将垃圾分为可回收和不可回收两类；③垃圾的填埋和覆土，即将不可回收垃圾运至填埋场中，操作推土机进行推平，然后用压实机进行压实，最后用沙土等进行覆盖，可回收利用的垃圾运至相应单位进行回收再利用处理；④垃圾渗滤液及填埋场气体的收集、导排和处理（需要借助相关的设施和技术完成）；⑤填埋场终场的覆盖、生态恢复和利用。

1.3.2 填埋作业管理

1. 底层垃圾填埋

1）卫生填埋

卫生填埋是指在回填场中进行垃圾、土（松土、沙或粉煤灰）相间压实的填埋处理，垃圾、土的厚度分别约为 60cm 和 15cm，这样既有利于苍蝇和其他蚊虫滋生的防范，又有利于填埋场中气体的导出，对火灾发生的防范很有效。一般情况下，填埋场的生态恢复后，可以用于公园的建造或种植绿植，也可以用于建造牧场或种植农作物。另外，填埋场封场年限达到 20 年以上，该土地才可用于房屋的建设。

滤沥循环是指收集填埋场中的滤沥，并进行循环利用，可以保证垃圾中含有 60%～70%的水分，让垃圾一直处于湿润状态，如此一来，垃圾中的有机成分就会很快被氧化，从而促进垃圾下沉。滤沥循环系统主要划分为四大模块，分别为管网模块、泵站模块、外部水源模块和贮留池模块；另外，集中坑虽然不包括在内，但必须存在，主要用于滤沥的收集，避免流入地下，污染地下水，集水坑四壁覆盖薄膜，薄膜上覆盖细土，起保护作用，厚度为 15～30cm，四壁上留有小口，用于垃圾取样；外部安装一个直径大于 1m 的套管，对垂直管和监测井起保护的作用；通气管直接与滤料层接触，滤管附近也设置排气孔，避免氧气进入，使滤沥液氧化沉淀，也避免甲烷大量聚集，防止火灾的发生。

2）压缩垃圾填埋

压缩垃圾填埋是先将垃圾压缩，然后进行填埋的一种方法，不仅可以抑制垃圾的生物分解和臭气的产生，而且能抑制蚊蝇的滋生和火灾的发生。另外，也能在一定程度上减轻垃圾的下沉和滤沥对水质的污染。当然，这种方法因压缩设备造价昂贵，需要的成本较高。

3）破碎垃圾填埋

破碎垃圾填埋是将垃圾先破碎，然后进行填埋的一种方法，垃圾被破碎后，体积会减小，但又不会阻碍空气的进入，填埋后依然可以被氧化分解，且产生的易燃气体发生燃烧后会被碎片自动下塌扑灭，不会造成持续性燃烧的火灾。

2. 垃圾摊铺作业

对一般的垃圾摊铺作业，卸料点宜设在垃圾坝的北侧，卸料后操作挖掘机将垃圾摊铺成堆体，将垃圾运至指定位置进行卸载，随后垃圾车开出填埋场，操作挖掘机由西开始，缓慢向东推进整形，至库区最东侧结束，接着从北边开始，向南缓慢推进整形，至库区最南侧结束，填埋过程中要注意排水坡的形成，采取中间高、四周低的原则，坡度大于 5%。每当有垃圾入场后，都按照这个步骤处理，直至垃圾的高度达到 86m，与标准要求相符时，进行终场的填埋。

1.3.3 填埋设备管理

1. 推土机

推土机是一种用于土方工程的机械设备，能够进行挖掘、运输和排除岩土。在垃圾填埋作业中，推土机有广泛的应用。推土机可在填埋场中搬运和推铺大块垃圾的设备。它通过履带式牵引，能够轻松爬上陡坡，并在不平坦的表面上移动，这对处理垃圾非常重要。推土机可以将垃圾仔细地分薄层推铺在坚硬的表面上，以获得良好的压实效果。推土机具有推铺、搬移和压实垃圾的功能。目前，推土机主要用于填埋场中的进场垃圾推铺，同时用于垃圾的日覆盖以及根据需要修筑或挖沟等工作。在填埋场中，推土机是必不可少的设备，因为它可以在运输车辆被困、陷入泥潭或发生故障时提供帮助。选择推土机时需要考虑以下要点：推土机的接地压力应适当，以确保其在垃圾上不会陷入；推土机的功率应适合，以保证其在填埋场中正常运行。

2. 空气压缩机

压缩机在垃圾填埋场中的作用是将垃圾压缩成更小的体积，以方便运输和处理。使用压缩机，垃圾的体积可以减小到原来的几分之一或几十分之一，从而节约空间和成本，并减小对环境的影响。在垃圾填埋场中，压缩机利用机械力将垃圾压缩成更小的体积。通常情况下，垃圾被装入压缩机内部的压缩室，然后通过压缩机的装置进行压缩。一些高级压缩机还配备自动垃圾分类系统，可以在压缩垃圾的同时对可回收垃圾、有害垃圾和其他垃圾进行分类，提高处理效率并减小对环境的影响。使用压缩机，可以使垃圾填埋场更高效和环保，但需要注意压缩机的安全性和操作规范。在使用过程中，必须确保操作人员的安全，并遵循相关操作流程和安全规定，以防止意外事件和环境污染。此外，定期维护和保养压缩机非常重要，可以延长使用寿命并减小故障率，以确保垃圾填埋场的正常运营。

3. 压实机

卫生填埋场用压实机的主要作用是铺展和压实废弃物，也可用于表层土的覆盖。当然最重要的是要达到最大的压实效果。开放的填埋面积应尽可能地保持在最小规模。这样可防止动物进入、气味散发等问题的出现，同时也可以使交通更为方便，保护卡车轮胎不受有毒物质的侵害。影响压实后密度的最重要的可控因素是每一压实层的厚度。为达到最大压实密度，废弃物应以 400～800mm 厚进行铺展和压实（成分不同，厚度不同）。一般情况下采用 500mm 为层厚。垃圾的密度取决于压实的次数。压实 2～4 次后可以达到理想的密度。继续压实的效果不会太明显。前方斜面操作是使用压实机最有效的方法。斜面越平坦，压实效果越好，因为只有在较平坦的工作面才能最有效地利用压实机自身的质量。另外，平坦的工作面能够减小压实机燃料消耗。前方斜面操作还可以有效地控制雨水的流向，以免水在装卸区积存。垃圾中水分的含量对压实密度有很大的影响。对一般家庭废弃物，达到最大压实效果的最适宜水分含量约为 50%（质量分数）。把废弃物含水量减少，通常也可使最终的压实密度提高。

4. 装载机

装载机通过装载铲斗将垃圾直接从一处搬运到另一处。它具有将垃圾从低处搬移到较高位置的能力，并且可以用于不需要推铺和推土的工作。装载机配备有车轮或履带式牵引装置，以及不同类型的装载铲斗。如果配备了车轮，装载机的工作速度可以加快，但需要有坚固的支撑表面。装载机易于维修，并且在需要时可以用于其他用途。

5. 挖掘机

挖掘机由工作装置、动力装置、行走装置、回转机构、司机室、操纵系统、控制系统等部分组成。挖掘机在填埋场主要用于挖掘各种基坑、排水沟、管道沟、电缆沟、灌溉渠道壕沟、拆除旧建筑物，也可用来完成堆砌、采掘和装载等作业。

1.4 封场方案设计

1.4.1 封场工艺流程

1. 基本情况

某市垃圾填埋场距市区约 11km，占地面积约 16.7 万 m^2，库区面积 12.8 万 m^2，总库容约 170 万 m^3。填埋库区采用天然基础层防渗结构，垃圾坝和调节池局部设有垂直帷幕防渗墙。渗滤液调节池设计容积为 33000m^3。渗滤液处理采用"预处理＋外置式 MBR（2 级 A/O＋UF 系统）＋NF 系统＋RO 系统"工艺，处理规模为 350m^3/d。近几年，随着城乡生活垃圾一体化处理推进，大量农村生活垃圾一并送入该生活垃圾卫生填埋场处理，加大了填埋场的处理负荷。目前，该填埋场已使用 18 年，累计堆填生活垃圾约 170 万 m^3。

2. 存在的问题

现状填埋场已设置了雨污分流系统、填埋气导排系统、渗滤液导排和处理系统，但部分系统被破坏或不完善。根据现场踏勘与收集的资料，并结合填埋场岩土工程及水文地质勘察资料，总结垃圾填埋场存在的问题如下：

1）防渗系统不完善。填埋场库区建设时，采用天然黏土类衬里结构，未铺设水平防渗膜，仅在调节池上游和下游坝体处设置 100m 长、20～30m 深的垂直帷幕防渗墙，其他地方（范围约占填埋库区边界 90％）均未设水平防渗或垂直防渗墙。未能有效地对地下水和渗滤液进行分隔，导致渗滤液处理量大。此外，如遇大暴雨，库区内垃圾渗滤液水位快速上升，可能导致渗滤液外溢，危害下游生态环境。同时，根据本项目水文地质勘察报告，填埋库区东侧污染扩散井和垃圾副坝处的污染监视井的水质均有部分指标超过地下水Ⅲ类水质标准，存在污染物质外泄。另外，填埋场边界距离赣江直线距离仅 700m，填埋场一旦发生渗漏，对下游居民正常饮水构成威胁。

2）临时覆盖系统不完整，渗滤液产生量大。填埋库区垃圾堆体只进行了比较简单的中间覆盖，雨期仍然有较多雨水从垃圾堆体顶部下渗直接转化成垃圾渗滤液。经初步估算，现阶段因降雨产生的垃圾渗滤液约为 212.5m^3/d。

3）地表水导排系统存在缺陷。填埋场四周设有永久性环库截洪沟，但由于垃圾堆体不断沉降，导致下雨时临时覆盖膜表面雨水无法顺利排进截洪沟，使填埋场存在安全隐患，并导致渗滤液产生量增大。

4）垃圾堆体不均匀沉降严重，部分垃圾堆体不稳定。本填埋场运行时间长，生活垃圾堆填时间跨度 1～18 年，部分新堆填的生活垃圾尚未度过快速沉降期，垃圾堆体 2019 年实施临时覆盖，堆体表面普遍存在不均匀沉降现象，导致临时覆盖膜下出现凹坑，并造成部分临时覆盖膜破损。填埋场东南侧垃圾堆体临时覆盖前未整形、也未做到分层碾压，垃圾堆体边坡坡度大于 1∶3，边坡稳定性差，存在滑坡、崩塌等安全风险。

5）缺少填埋气体收集处理设施。填埋场局部导气石笼井缺失不利于填埋气体排出，现状导气石笼顶部直接与大气相通，未设置填埋气体收集利用设施，填埋气体自然排放对周边大气环境造成一定程度的影响，还有可能引发火灾的安全隐患。鉴于上述情况，填埋场急需进行治理，控制污染。

3. 方案论证及设计原则

针对填埋场内的存量垃圾，当前的治理方案有两种：一是原位处理，即在垃圾填埋场内直接采用厌氧封场和好氧稳定化两种技术进行处理；二是异地处理，即将填埋场内的存量垃圾运至其他地方采取原位筛分和全量转运两种技术进行处理。设计经过分析现状场地水文地质条件、污染情况，并结合现有其他垃圾处理设施（仅有刚建成的焚烧发电厂）情况，充分考虑当地经济社会发展及规划情况，同时参照同类项目处理情况，综合比较确定采用原位厌氧封场处理对填埋场进行治理。

4. 封场治理设计

本填埋场封场工程的主要建设内容为：垃圾堆体整形，封场覆盖系统，地下水污染控制，填埋气体收集导排处理，渗滤液导排与处理，防洪与地表径流导排，封场绿化等。

1.4.2　封场主要影响因素分析

在填埋场的封场中，影响工程生态建设和安全管理效果的因素较多，主要包括以下几方面：

1. 工程建设不规范

针对封场建设方面，实际工程中常存在封场技术和流程不符合相关规范的现象，尤其是在终场覆盖方面，由于选择渗透性差、构成简单、厚度不达标的材料进行不规范覆盖封场建设，从而导致后续有很多问题出现，比如雨水进入垃圾堆内部，使渗透液的量增加，需花费更多的成本去处理，甚至会加剧渗滤液对地下水质及土壤的污染。虽然可以采用顶面与地面间留有一定坡度进行排水，让雨水通过地表流向场外，但封场后，土地无法得到完全利用；会导致大量可燃气体（甲烷、二氧化碳）产生，并扩散到周围空气中，当这些气体的含量超标（5%～15%）时，会对环境产生一定的污染，甚至遇火引燃或爆炸。故需要对封场建设进行规范，同时要加强如雨水防渗、引流、渗滤液收集和处理等系统的构建与健全，争取从根源上杜绝污染物的形成。

2. 维护管理不完善

填埋场封场后需要进行管理和维护，包括监测相关环境指标、维修运行机械。稳定化工程可能导致不均匀沉降、垃圾堆体不稳定、边坡下滑、水土流失和封场覆盖系统失效等问题。因此，定期检查填埋场并及时采取必要的补救措施非常重要。然而，填埋场的管理机构对维护和管理并不完善，有些填埋场甚至无人看管，可能导致环境污染和安全事故。

3. 生态建设没有引起足够的重视

随着人们生活水平的提高，人们对环境质量有了更高的追求，对垃圾填埋场生态建设及恢复的关注也日渐增加。众所周知，植被具有吸收 CO_2、保持水土、清洁空气、美化环境等作用，故植被重建被选择为恢复生态的最佳途径，所以当完成规范性封场后，需要及时通过植被重建对填埋场的生态进行恢复，相关部门应该对填埋场的生态恢复建设给予足够重视。

2　垃圾填埋场堆体健康风险评价

2.1　填埋场健康风险评价方法概述

2.1.1　层次分析法

层次分析法（Analytic Hierarchy Process，AHP）由美国匹兹堡大学教授T. L. Saaty在20世纪70年代初为美国国防部解决一项有关电力分配问题时提出。他应用网络系统理论和多目标综合评价方法，创造出一种全新的多属性决策方法AHP。层次分析法可以降低问题的解决难度，指的是将要评价的复杂化问题按照总目标层、分目标层、准则层（由高到低）进行分解，并建立AHP层次分析结构模型；然后借助相关方法或邀请专家对元素及元素间的判断矩阵进行排序和构建，并基于此应用常用算法对元素的权重进行计算，比如和积法，再比如特征根法或方根法；接着对各元素的权重利用一致性检验法进行检验，并对各层次进行排序；最后对总目标的权重进行计算。它是一种具有实用性高、应用方法易于理解的多属性科学决策方法。

2.1.2　主成分分析法

主成分分析法（PCA）是一种降维方法，将多个变量转化为几个综合指标，用来解释多变量的方差和协方差结构。每个主成分都反映了原始变量的大部分信息，并且这些主成分彼此不相关。主成分分析法方便我们全面、科学、系统地分析问题。该方法最初由英国统计学家皮尔生引入，后来由美国的统计学家霍特林推广到随机向量的情形。

在实际课题中，为了全面分析问题，通常会提出很多与课题相关的变量或因素。然而，过多的变量会增加课题的复杂性，因此人们希望通过较少的变量获取更多的信息。主成分分析法可以建立尽可能少的新变量，使它们两两不相关，并且在反映课题信息方面保持尽可能多的原有信息。

主成分分析法常用于多指标的综合评价。它的测算步骤规范，大部分可以通过计算机处理，结果相对客观、科学，有利于提高测算结果的准确性和可靠性。然而，主成分分析法存在一些缺点，例如主成分个数少于原始变量个数，可能无法完全反映原始数据的全部信息；对主成分的合理解释较困难；计算复杂，特别是对三个以上变量的数据，如果没有计算机和专门的软件支持，很难完成计算，而且当计算结果无法合理解释时，还需要进行因子分析等分析。

垃圾填埋场堆体健康，包括安全稳定、环境友好和能源资源利用等方面。堆体安全是堆体健康的基础和前提。然而，现今垃圾填埋场堆体面临多种风险，如堆体组分、防渗系统和导排系统等。了解垃圾填埋场堆体健康的风险特征、主要风险源和健康风险评价是非常重要的。本章 2.2 节将从风险特征分析、主要风险源识别、健康风险评价原则和模型四个方面入手，为垃圾填埋场堆体的安全健康运行提供指导。

2.1.3 模糊综合评价法

模糊综合评价法是一种基于模糊数学的综合评价方法。它将定性评价转化为定量评价，利用模糊数学对受多种因素制约的事物或对象进行总体评价。该方法具有结果清晰、系统性强的特点，能较好地解决模糊、难以量化的问题。在模糊综合评价法中，评价因素可以按属性分成不同类别，并设置层次结构。借助考虑评价因素的复杂性、评价对象的层次性以及模糊性和不确定性等问题，模糊综合评判方法能够综合多个指标对被评价事物进行评判，提高评价结果的可信度。相比传统的综合评价方法，模糊综合评价法更适用于解决新领域中出现的新问题。

模糊集合理论是由美国自动控制专家查德（L. A. Zadeh）教授于 1965 年提出的，用于描述事物的不确定性。模糊综合评价法建立在模糊数学基础上，并与模糊数学同时诞生。20 世纪 80 年代后期，日本广泛应用模糊技术于机器人、过程控制、地铁机车、交通管理、故障诊断、医疗诊断、声音识别、图像处理以及市场预测等多个领域。模糊理论及其应用在日本市场前景广阔，给西方企业界带来了很大震撼，并在学术界获得广泛认可。

国内对模糊数学及模糊综合评价法的研究起步较晚，但近年来在医学、建筑业、环境质量监督、水利等领域的应用已初见成效。

模糊综合评价法是模糊数学中的基本方法之一，通过隶属度描述模糊界限。为了方便权重分配和评估，可以将评价因素按属性划分为若干类别，并将每个类别视为第一级评价因素（F1）。第一级评价因素可以设置下属的第二级评价因素（F2），而第二级评价因素又可以有第三级评价因素（F3），以此类推。模糊综合评价法能够综合考虑评价因素的复杂性、对象的层次性、模糊性和不确定性等问题，从而对被评价事物进行综合评判并提高评价结果的可信。

在事物的评价中，因为受到各种因素的影响，评价对象存在层次性和影响因素存在不确定性、复杂性以及评价指标无法定量化和存在模糊性等，故用二元判断对客观事实进行评价，从而很难用传统数学模型统一评价的模糊现象，也无法用模糊性突出的自然语言进行准确描述。基于此，模糊综合评价法被提出。此方法最大的特点是具备模糊集，可以利用定性和定量等多种指标对评价对象进行综合评价，既能解决上述出现的层次性、模糊性、无法定量化等问题，又能将评判事物的变化划分为多个区间，使信息量进一步拓展，让评价结果更客观、更可靠、更接近事实，使评价度量得到一定程度的提升。

2.1.4 风险矩阵法

风险矩阵法是一种简单、直观的评价方法，将风险分为四个等级，即低风险、中风险、高风险和极高风险，并根据实际情况制定相应的措施进行管控。这种方法适用于初步评估和预警，但是无法提供详细的风险信息。风险矩阵法也是一种高效的风险管理评价方法，由美国空军电子系统中心提出，最早被应用于英国化工行业，主要用于化工行业分析与航空航天行业潜在风险分析。首先辨识对作业单元造成危害的影响因素，并通过适宜的方法判定某一种因素产生的可能性以及造成的后果。其风险表达见式（2-1）：

$$R=L\times S \tag{2-1}$$

式中　R——安全风险等级；

L——安全风险严重值；

S——安全风险可能概率。

安全风险严重值表示受到人为因素、当地工程施工情况、环境条件、周围建筑、植被生长情况等因素的影响程度。为通过数学模型对其进行定量分析，国际上一般将危险发生严重等级分为5个等级，即微小影响、小型影响、中型影响、大型影响、特大影响，见表2-1。安全风险可能概率一般也分为5个等级，见表2-2。

表2-1　安全风险严重值

严重值	等级
微小影响	1
小型影响	2
中型影响	3
大型影响	4
特大影响	5

表2-2　安全风险可能概率

可能概率	等级
极不可能	1
基本不可能	2
可能	3
很有可能	4
极有可能	5

安全风险严重值与安全风险可能概率相乘可得安全风险等级，见表2-3。

表2-3　安全风险等级

风险等级	风险值范围
低	1～4
中	5～9
高	10～16
极高	17～25

2.2 垃圾填埋场堆体健康风险评价基本知识

2.2.1 垃圾填埋场填埋区健康风险特征

1. 垃圾填埋场填埋区健康风险的类型

一般来说，垃圾填埋场填埋区可以分为四个主要部分，分别为堆体组分、防渗系统、液体导排系统和填埋场气体导排系统。因此垃圾填埋场区堆体健康风险可以根据这四部分的特点进行分类。

1）堆体组分。堆体组分风险主要有人为因素、固体垃圾、可堆肥垃圾、人员预处理、危险废物、医用废物及可燃垃圾等。

2）防渗系统。防渗系统的风险主要有自然因素、防渗结构、人工合成衬里、复合衬里、垂直防渗帷幕、土工滤网、非土工滤网、土工复合排水网、计量与检测、渗滤液导排及人员管理风险等。

3）液体导排系统。液体导排系统的风险主要有雨污分流、渗滤液导排、盲沟、导排管网、自然因素、人为因素、施工构件、突发事件、导排时间及人员管理风险等。

4）填埋场气体导排系统。填埋场气体导排系统的风险主要有厨余垃圾腐败分解、产气速率、产气量、导气时间、导气管网、人为因素、突发事件、消防设施及可燃性气体因素等。

上述各部分风险组成虽然分类有差异，但是各种类别之间可能有相同或相近的风险，并不是截然不同的。因此，需要根据这些风险组成中的独特风险来进行风险的归类分析，减少后续评价的工作量。

2. 垃圾填埋场堆体健康的风险特征

垃圾填埋场堆体健康风险主要具有五方面的特征：客观存在性、危害性、不确定性、可控性以及偶然性。

首先，垃圾填埋场堆体的健康风险客观存在，技术和管理手段虽然可以最大限度降低风险的危害，但是并不能将之完全消除；同时人为因素导致的风险是客观存在难以消除的，如工作人员技能缺陷和疏忽等。虽然填埋区的健康风险无法彻底根除，但是采取合适的技术和管理手段来有效降低风险仍是必要的。垃圾填埋场的堆体失稳、渗滤液渗漏、填埋气泄漏甚至爆炸等事故的发生都会极大地危害环境和人员的健康与安全，同时可能造成不同程度的财产损失。

垃圾填埋场堆体健康风险面临多方面的风险，如堆体稳定性、渗滤液的安全产生和导排、填埋场气体的收集利用等系统都可能发生故障和损坏，但是在运行过程中无法确定具体哪个系统发生故障，其结果具有不确定性。同时由于运行环境和条件以及人员等的不同，系统发生故障或事故的时间也是无法预知的，这也给风险的控制带来了困难。此外，不同系统故障或事故带来的危害程度是不同且不确定的，也无法准确判断事先危害程度及损失。

随着垃圾填埋场运行在理论和技术上的不断积累，对垃圾填埋场堆体固、液、气等多方面进行深入的探索和经验积累，结合合理的技术和管理手段，现行的垃圾填埋场对风险控制都有自己的一套完善方案，可以大幅度降低各类健康风险发生的概率，甚至规避各类风险。此外，垃圾填埋场由于目标的不同，在实际运行过程中必然受到不同目标导致的不同因素的影响，从而增加了不确定因素发生的可能性，使系统运行和维护时很难完全预测。

2.2.2　垃圾填埋场堆体健康风险源识别

1. 固体风险因素识别

固体垃圾是填埋场堆体中的重要组成部分，目前的垃圾填埋场对进入场区的固体垃圾都会进行检查和筛选，由于固体来源复杂、成分多样等存在各种风险，难以完全有效管理和防控。固体垃圾的风险等级往往较高，一旦爆发风险事故，其后果一般较为严重，甚至可能对整个堆体的健康造成严重的损害。垃圾填埋场固体风险因素主要包括以下几个方面：

1）堆体边坡坡度

堆体边坡坡度是指为保证堆体稳定，在堆体两侧做成的具有一定坡度的坡面。由于堆体边坡坡度是堆体稳定的基础，因而堆体边坡坡度易造成极大风险，对堆体边坡坡度的设计施工以及后期管理维护对堆体健康极为重要。

2）单元堆体厚度

垃圾填埋场每一单元堆体厚度都有相应的标准要求加以规定，在一定允许范围内虽然满足要求，但是因填埋操作覆土量的差异也会造成不一样的危害。一方面是覆土层过厚会减少垃圾填埋量、增加堆体高度、各覆土单元厚度不同还易造成堆体沉降变形；另一方面是覆土层过薄会造成堆体内产生的气体逸出、导管被破坏继而导致渗滤液泄漏、填埋气体逸出污染环境，从而造成堆体健康风险。

3）堆体高度

堆体高度影响堆体的稳定性，堆体过高会造成重心不稳，易受到外界环境的影响，同时堆体过高会造成垃圾填埋困难从而减少垃圾的填埋量；此外，过高的垃圾堆不符合行业规范，其顶端垃圾容易滚落造成危害。

4）防“四害”作用

“四害”指的是苍蝇、蚊子、老鼠、蟑螂。“四害”在一定程度上表明堆体周围环境情况，还可根据其活动情况大体判断堆体温度、湿度等特征。“四害”的大量出现往往会影响堆体的稳定性，老鼠、蟑螂等会破坏堆体的结构，造成堆体坍塌。

5）填埋压实程度

原生垃圾密度很小，为提高堆体密实程度、延长填埋场使用寿命，对填埋垃圾进行压实处理很重要。其中，首次压实对压实密度的贡献度最大，首次压实不能达到要求的密实度，会使垃圾填埋场整体堆体松散，易造成堆体稳定性降低，容易造成坍塌。

6）堆体组分含量

原生垃圾种类复杂、多样，不同比例的垃圾含量对垃圾堆体有较大影响。高含量玻璃制品和金属会造成压实困难，使堆体发生失稳风险；高含量可堆肥垃圾会造成大量可燃气体产生，增加堆体爆炸风险。

2. 液体风险因素识别

固体垃圾在填埋过程中，其中的有机成分在物理作用或者微生物作用下所含污染物会随水分渗出，这些水与外部降雨、径流以及其他水分一起形成垃圾渗滤液。当地降雨量以及堆体防渗、防雨系统等因素都会影响渗滤液积存量。

垃圾渗滤液中含有好氧有机污染物、各类金属、植物营养素（氨氮等）、有毒有害的有机污染物等各类物质；渗滤液中含有较高 COD、BOD（生化需氧量）等。不及时排出堆体，易造成地面水体和地下水的污染，降低水体的利用价值；垃圾渗滤液中的有机污染物将直接威胁人类健康，积存过多还会破坏堆体结构，甚至令堆体呈现流化状态，进一步增加堆体坍塌风险。

3. 气体风险因素识别

堆体在存放过程中会产生大量气体，气体成分包括乙烯、甲烷、氧气、二氧化硫等填埋场气体。这些气体既有易燃气体也有助燃气体和异味气体，若不能将其及时排出，易引起堆体发生火灾爆炸等风险，异味气体逸出会直接增加温室气体排放、污染空气，严重时还会造成场区周围人群患病的风险。

2.2.3 垃圾填埋场堆体健康风险评价原则

1. 评价指标体系构建原则

对垃圾填埋堆体的健康风险评价难以单靠一个或者几个指标来进行科学预测；而堆体的可变性给全面评价和分析带来了不便，因此更需要建立综合、客观的评价体系，从多方面对堆体的健康风险进行评价。

借鉴其他目标评价的体系，垃圾填埋场堆体健康风险评价应该遵循科学性、全面性与代表性、系统性、定性与定量相结合等四大原则，在此基础上建立合理的评价体系，并适当考虑其他影响因素进行综合评价。

垃圾填埋场堆体健康风险评估责任和意义重大，评估指标体系的建立需要客观、真实且全面反映堆体的情况，在此基础上选取相关性和代表性较强的指标，结合工程参数，尽量实现指标数量的合理和可靠。

选取的指标可分为综合性指标与单项要素指标，这些指标经过加工处理后得到的概率要能够准确、清晰地表达堆体的工程情况，能够全面、合理实现对堆体各项指标的客观综合还原。

针对垃圾填埋场堆体中的固、液、气三相都应该建立相应的评价指标，评估体系应该综合考虑各个因素，满足风险评估的目标。

此外，在选取指标时应该尽量采纳定量指标，减少定性描述性指标的数目；但是对一些难以实现定量分析的指标，可以适当采取定性描述的方法，但是应该综合考虑定性与定量的关系，以综合反映真实的情况。

2. 评价指标的筛选

评价指标的全面性、系统性和协调性对健康风险评估的准确性和可靠性有直接影响，因此这是一项复杂且具有挑战性的工作。在评估指标筛选过程中，通常采取以下三个步骤：

1）评价指标初选：初步筛选应遵循全面性原则，尽可能考虑所有能够反映评价体系的指标，并避免遗漏重要指标。

2）评价指标体系优化：初步筛选的指标可能在系统性和层次性方面存在不足，需要进一步优化。通常从指标体系结构完备性、结构性和聚合性等方面进行合理优化，剔除不相关的指标，以实现该层次目标通过这些指标完整表达。

3）评价指标筛选：垃圾填埋场堆体与风险相关的评价指标众多，但并非所有因素都起着明显的作用。因此，在风险评价时需要筛选出对关键因素具有明显影响和显著作用的指标。

2.2.4 垃圾填埋场堆体健康风险评价模型

1. 层次分析模型

1）递进层次结构模型构造

在理解所研究的问题、厘清影响该问题的各个因素及其相互之间的关系后，即可根据决策问题的层次建立起递进层次结构模型。该模型将待决策问题依据总目标层、中间层和方案层划分为三个层次，依次表示待决策问题的总体目标、评价该决策方案效果的因素层和问题的解决方案及应对措施层。

2）比较判断矩阵

层次分析法的核心是在因素两两比较矩阵中建立起结构模型的比较判断矩阵。即根据准则得到的 n 阶矩阵对应于上一层中某一因素准则下的 n 个要素。比较判断矩阵的构造如表 2-4 所示。

表 2-4 n 阶比较判断矩阵的构造

H_s	A_1	A_2	…	A_n
A_1	a_{11}	a_{12}	…	a_{1n}
A_2	a_{21}	a_{22}	…	a_{2n}
…	…	…		…
A_n	a_{n1}	a_{n2}	…	a_{nn}

从判断矩阵的构造来看，其中的各个因素代表矩阵中各个要素相互之间的关系即相对重要性，以及对应于上一层中某准则的重要性权重。所以，基于此构建的比较判断矩阵具有一定的特点，见式（2-2）和式（2-3）：

$$a_{ij}=\frac{\omega_i}{\omega_j},\ \omega_i\ (\omega_j) \tag{2-2}$$

$$a_{ii}=1;\ a_{ij}=1/a_{ji};\ a_{ij}>0;\ a_{ij}=a_{ik}a_{kj} \tag{2-3}$$

目前，对比较判断矩阵中因素 a_{ij} 的取值采用基于评价者知识和经验的估算方法。然而，由于评价者的经验和方法不同，导致估计值存在较大差异，进而影响比较判断矩阵的最后一条性质的满足程度。为了确保决策的准确性，进行决策前的一致性检验是必要的过程，主要用于验证比较判断矩阵中元素估计值的合理性和准确性。在确定比较判断矩阵 A 中因素 a_{ij} 时，可以借鉴经验方法。

T. L. Saatty 引入了 1～9 个标度来确定判断矩阵中各个因素的重要性，如表 2-5 所示。根据表中列出的标度，可以通过对两个因素进行两两比较并量化结果的方法来确定因素 a_{ij} 的取值。

表 2-5　判断矩阵中各因素确定的标度

a_{ij}	两目标相比
1	表示因素 i 与 j 相比，具有同样重要性
3	表示因素 i 与 j 相比，i 比 j 稍微重要
5	表示因素 i 与 j 相比，i 比 j 明显重要
7	表示因素 i 与 j 相比，i 比 j 强烈重要
9	表示因素 i 与 j 相比，i 比 j 极端重要
2、4、6、8	表示需要在上述两个标度之间折中确定

从表 2-5 中可以看出，在构造判断矩阵时，只要给出 $n(n-1)/2$ 个判断数值即可对其进行一致性排序检验。

由于判断是估计的，不是很精确，并不能使比较判断矩阵每个要素都得到满足，可见式（2-4）：

$$a_{ij}=a_{ij}\times a_{ij}\text{，C. I.}=(\lambda_{max}-n)/(n-1) \tag{2-4}$$

式中，C. I. 表示计算一致性指标（consistency index）。

因此，必须进行一致性检验。一致性检验是通过计算一致性指标和一致性比率进行的。一致性比率见式（2-5）：

$$\text{C. R.}=\text{C. I.}/\text{R. I.} \tag{2-5}$$

在这项研究中，R. I. 代表随机性指标。T. L. Satty 构建了最不一致的情况，即对不同 n 的比较矩阵中的元素，采用 1/9，1/7，…，1，7，9 的随机数赋值方式，并对每个 n 采用了 100～500 个样本进行计算，然后求取平均值作为随机性指标 R. I. 。具体结果请参见表 2-6。

表 2-6　随机性指标 R. I. 的数值

n	1	2	3	4	5	6	7	8	9	10	11
R. I.	0	0	0.58	0.9	1.12	1.24	1.32	1.41	1.45	1.49	1.51

若一致性比率 C. R. <0.10，则认为比较判断矩阵中的一致性可以接受。权重向量 W 可以接受。

2. 模糊综合评价模型

基于模糊数学方法的综合评价体系，即模糊综合风险评价方法，能够综合考虑所有风险因素，并采用相应的方法对各个风险指标进行权重设置，以区分各风险因素的相对重要性。该模型通过数学建模计算和量化各个风险因素的发生概率，并根据可能性形成确定风险水平的最终值。因此，模糊综合评价模型具有简单的构造和良好的评价效果等多个优势，在风险评价中具有重要地位。

模糊综合评价法分为一级模型和多级模型。

在一级模型中，评估步骤如下：

1）确定评价对象的因素集

因素集是影响评价对象的各种因素组成的普通集合。表示为 $U=\{u_1, u_2, \cdots, u_n\}$，其中 U 表示因素集，u_i（$i=1, 2, \cdots, n$）表示各个影响因素。

2）建立评价集

评价集是专家利用经验和知识对项目因素对象可能得出的各种总体评价结果所组成的集合。表示为 $V=\{v_1, v_2, \cdots, v_n\}$，其中 v_i（$i=1, 2, \cdots, n$）表示各种可能的评价结果。

3）建立模糊关系矩阵

模糊关系矩阵是建立从 U 到 V 的模糊关系 R。借助模糊统计方法，由多位专家对各个因素 r_{ij} 进行评价，其中通过式（2-6）：

$$r_{ij}=\frac{\text{对 } V \text{ 中某一因素，专家划分为某一档的人数}}{\text{评审专家人数}} \tag{2-6}$$

得到模糊关系矩阵，见式（2-7）：

$$R=\begin{bmatrix} r_{11} & r_{12} & \cdots & r_{1n} \\ r_{21} & r_{22} & \cdots & r_{2n} \\ \cdots & \cdots & & \cdots \\ r_{n1} & r_{n2} & \cdots & r_{nn} \end{bmatrix} \tag{2-7}$$

4）确定权重集

权重集体现了因素集中各个因素的重要性程度。通常，通过为每个因素 U_i（$i=1, 2, \cdots, n$）赋予相应的权数 a_i（$i=1, 2, \cdots, n$），来构建所谓的因素权重集合 $A=\{a_1, a_2, \cdots, a_n\}$。在风险综合评价过程中，确定权重集合中各个因素的权重是非常重要的工作。如果对同一因素赋予不同的权重，最终的评价结果可能有很大差异。确定权重的方法主要包括基于人们的主观经验和基于隶属度的方法。

5）模糊综合评判

借助模糊综合评价数学模型进行模糊合成，可以得到综合评价结果，见式（2-8）：

$$B=RA=(a_1, a_2, \cdots, a_n)\begin{bmatrix} r_{11} & r_{12} & \cdots & r_{1n} \\ r_{21} & r_{22} & \cdots & r_{2n} \\ \cdots & \cdots & & \cdots \\ r_{n1} & r_{n2} & \cdots & r_{nn} \end{bmatrix} \tag{2-8}$$

式中，B 为模糊综合评价集。

若 B 中各元素的总和不等于1，则需对 B 进行归一化处理，即将 B 中的每个元素分别除以各元素的总和，得到归一化的矩阵 B，作为总和评价的结果。

3. 主成分综合评价模型

主成分分析法是一种有效的数据降维方法，可以提高样本大小与测量数值之间的比例，并取得良好的降维效果。它通过使用尽可能少的综合指标来代替大量的原始数据，并尽可能多地反映原始数据所提供的信息。主成分分析法的计算步骤规范，大部分过程可以通过计算机处理，各原始指标的权重不受人为影响，分析结果相对客观、科学，有助于提高测算结果的准确性和可靠性。因此，在本文中，我们采用主成分分析法来计算影响垃圾填埋场的因素，并使用 SPSS 25.0 软件对数据进行处理。

使用主成分分析法进行综合评价的步骤如下：

1）建立主成分分析的相关样本数据，并计算相关矩阵 R 和特征值 λ。

2）计算累计方差贡献率，并提取主成分。当累计贡献率大于 80%时，选择前 i 个主成分。保留特征值的累计方差贡献率大于 1 的主成分，并使用 SPSS 25.0 软件计算荷载矩阵。

3）计算综合评价分值。将主成分矩阵中的数据除以相应主成分的特征值，然后相加，并除以累积总方差，得到每个主成分对应的综合评价值。综合评价分值的计算见式（2-9）：

$$F_i = \left(\sum \lambda_i \times Z_i\right) / \text{累积总方差} \tag{2-9}$$

式中 F_i——综合评价分值；

λ_i——第 i 个主成分对应的方差百分比；

Z_i——第 i 个主成分对应的累计方差贡献率。

2.3 垃圾填埋场堆体健康风险评价案例

2.3.1 构建指标体系

根据工程地质条件及风险源识别情况，建立垃圾填埋场堆体健康风险相关因素构成的评价指标体系，如图 2-1 所示。

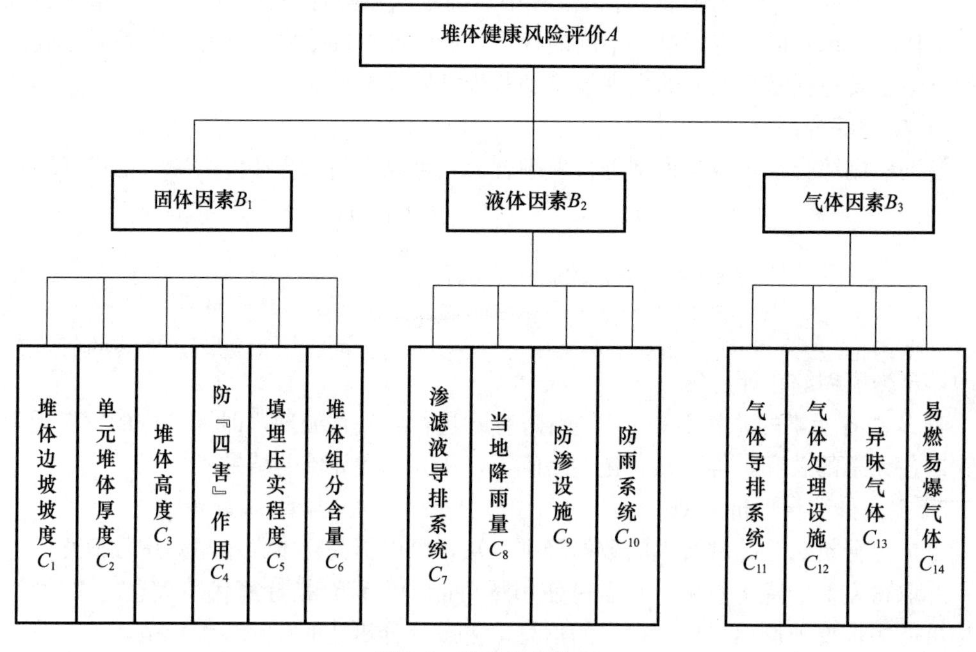

图 2-1 评价指标体系

2.3.2 建立因素集及评价集

以垃圾填埋场堆体健康风险程度作为评价对象集，根据构建的指标体系，可以确定它的因素集为

$$U=\{U_1, U_2, U_3\}=\{\text{固体因素，液体因素，气体因素}\}$$

根据调研及专家分析后，建立评价集为

$$V=\{v_1, v_2, v_3, v_4\}=\{\text{健康，亚健康，不健康，很不健康}\}$$

其中，每一个等级分别对应着一个相应的模糊子集，风险值为 0～2 的是健康，风险值为 3～5 的是亚健康，风险值为 6～8 的是不健康，风险值为 9～14 的是很不健康。

2.3.3 层次分析法

计算各个风险因素的权重是综合评价的关键。层次分析法是一种典型的确定风险因素权重的方法。该方法需要专家进行评分，专家团队由来自科研院所、主管部门、设计单位和运行管理等四个方面的 5 名专家组成，共计 20 位专家参与评分。为了简化计算过程，将专家评分按照专家部门进行归类平均，形成四组评分数据。

1. 对固体因素 B_1 中各风险因素权重的确定

根据判断矩阵的标度确定方法，通过调研和专家打分的方法确定比较判断矩阵，见式（2-10）：

$$A=\begin{bmatrix} \frac{1}{1} & \frac{7}{4} & \frac{7}{3} & \frac{7}{3} & \frac{7}{5} & \frac{7}{4} \\ \frac{4}{7} & \frac{1}{1} & \frac{4}{3} & \frac{4}{3} & \frac{4}{5} & \frac{1}{1} \\ \frac{3}{7} & \frac{3}{4} & \frac{1}{1} & \frac{1}{1} & \frac{3}{5} & \frac{3}{4} \\ \frac{3}{7} & \frac{3}{4} & \frac{1}{1} & \frac{1}{1} & \frac{3}{5} & \frac{3}{4} \\ \frac{5}{7} & \frac{5}{4} & \frac{5}{3} & \frac{5}{3} & \frac{1}{1} & \frac{5}{4} \\ \frac{4}{7} & \frac{1}{1} & \frac{4}{3} & \frac{4}{3} & \frac{4}{5} & \frac{1}{1} \end{bmatrix} \tag{2-10}$$

根据指标层评价矩阵计算指标层归一化权重矩阵，计算出比较判断矩阵的每一行的数值的乘积 M_i，并计算其三次方根，见式（2-11）：

$$W_i=\sqrt[6]{M_i} \tag{2-11}$$

得到式（2-12）～式（2-17）计算结果：

$$W_1=\sqrt[6]{1\times\frac{7}{4}\times\frac{7}{3}\times\frac{7}{3}\times\frac{7}{5}\times\frac{7}{4}}=1.691 \tag{2-12}$$

$$W_2=\sqrt[6]{\frac{4}{7}\times1\times\frac{4}{3}\times\frac{4}{3}\times\frac{4}{5}\times1}=0.966 \tag{2-13}$$

$$W_3=\sqrt[6]{\frac{3}{7}\times\frac{3}{4}\times1\times1\times\frac{3}{5}\times\frac{3}{4}}=0.725 \tag{2-14}$$

$$W_4=\sqrt[6]{\frac{3}{7}\times\frac{3}{4}\times1\times1\times\frac{3}{5}\times\frac{3}{4}}=0.725 \tag{2-15}$$

$$W_5=\sqrt[6]{\frac{5}{7}\times\frac{5}{4}\times\frac{5}{3}\times\frac{5}{3}\times1\times\frac{5}{4}}=1.208 \tag{2-16}$$

$$W_6=\sqrt[6]{\frac{4}{7}\times1\times\frac{4}{3}\times\frac{4}{3}\times\frac{4}{5}\times1}=0.966 \tag{2-17}$$

对其进行归一化处理，见式（2-18）和式（2-19）：

$$\sum W_i=6.281 \tag{2-18}$$

$$W=\frac{W_i}{\sum W_i} \tag{2-19}$$

得出归一化权重矩阵，见式（2-20）和式（2-21）：

$$W=[0.269 \quad 0.159 \quad 0.115 \quad 0.115 \quad 0.192 \quad 0.159]^{T} \tag{2-20}$$

$$AW=[1.631 \quad 0.932 \quad 0.699 \quad 0.699 \quad 1.165 \quad 0.932]^{T} \tag{2-21}$$

计算判断矩阵的最大特征根 λ_{max}，见式（2-22）：

$$\begin{aligned}\lambda_{max}=\sum_{i=1}^{n}\frac{AW_i}{nW_i}&=\frac{1.631}{6\times0.269}+\frac{0.932}{6\times0.159}+\frac{0.699}{6\times0.115}+\\&\quad\frac{0.699}{6\times0.115}+\frac{1.165}{6\times0.192}\frac{0.932}{6\times0.159}\\&=6.002\end{aligned} \tag{2-22}$$

进行一致性检验，见式（2-23）：

$$C.I.=\frac{\lambda_{max}}{n-1}=\frac{6.002-6}{6-1}=0.0004 \tag{2-23}$$

然后计算一致性比例，见式（2-24）：

$$C.R.=\frac{C.I.}{R.I.} \tag{2-24}$$

查表可知，R.I. 取 1.24，得

$$C.R.=\frac{0.0004}{1.24}=0.0003<0.1 \tag{2-25}$$

故认为比较判断矩阵中一致性可以接受，权重向量 W 可以接受，如果 C.R. >0.1，则要对判断矩阵进行适当的修正。

根据以上计算可知，专家对固体因素中的各个风险因素的权重为

$$W=[0.269 \quad 0.159 \quad 0.115 \quad 0.115 \quad 0.192 \quad 0.159]^{T} \tag{2-26}$$

2. 对液体因素 B_2 中各风险因素权重的确定

根据判断矩阵的标度确定方法，通过调研和专家打分的方法确定比较判断矩阵，见式（2-27）：

$$A=\begin{bmatrix}\frac{1}{1} & \frac{8}{3} & \frac{8}{7} & \frac{8}{5}\\ \frac{3}{8} & \frac{1}{1} & \frac{3}{7} & \frac{3}{5}\\ \frac{7}{8} & \frac{7}{3} & \frac{1}{1} & \frac{7}{5}\\ \frac{5}{8} & \frac{5}{3} & \frac{5}{7} & \frac{1}{1}\end{bmatrix} \tag{2-27}$$

计算比较判断矩阵的每一行的数值的乘积 M_i 四次方根，即 $W_i=\sqrt[4]{M_i}$，得

$$W_1=1.486$$

$$W_2=0.557$$

$$W_3=1.300$$

$$W_4=0.928$$

对其进行归一化处理，见式（2-28）和式（2-29）：

$$\sum W_i=4.272 \tag{2-28}$$

$$W=\frac{W_i}{\sum W_i} \tag{2-29}$$

得出归一化权重矩阵，见式（2-30）和式（2-31）：

$$W=[0.348 \quad 0.130 \quad 0.304 \quad 0.217]^{\mathrm{T}} \tag{2-30}$$

$$AW=[1.389 \quad 0.521 \quad 1.216 \quad 0.868]^{\mathrm{T}} \tag{2-31}$$

计算判断矩阵的最大特征根 $\lambda_{\max}$，见式（2-32）：

$$\text{C. I.}=\frac{\lambda_{\max}-n}{n-1}=\frac{1.389}{4\times 0.348}+\frac{0.521}{4\times 0.130}+\frac{1.216}{4\times 0.304}+\frac{0.868}{4\times 0.217}=4.000 \tag{2-32}$$

进行一致性检验，见式（2-33）：

$$\text{C. I.}=0<0.1 \tag{2-33}$$

根据以上的计算可知，专家对液体因素中的各个风险因素的权重为

$$W=[0.348 \quad 0.130 \quad 0.304 \quad 0.217]^{\mathrm{T}} \tag{2-34}$$

3. 对气体因素 B_3 中各风险因素权重的确定

根据判断矩阵的标度确定方法，通过调研和专家打分的方法确定比较判断矩阵，见式（2-35）：

$$A=\begin{bmatrix} \frac{1}{1} & \frac{9}{4} & \frac{9}{5} & \frac{9}{7} \\ \frac{4}{9} & \frac{1}{1} & \frac{4}{5} & \frac{4}{7} \\ \frac{5}{9} & \frac{5}{4} & \frac{1}{1} & \frac{5}{7} \\ \frac{7}{9} & \frac{7}{4} & \frac{7}{5} & \frac{1}{1} \end{bmatrix} \tag{2-35}$$

计算比较判断矩阵的每一行的数值的乘积 M_i 四次方根，即 $W_i=\sqrt[4]{M_i}$，得

$$W_1=1.511$$

$$W_2=0.671$$

$$W_3=0.839$$

$$W_4=1.175$$

对其进行归一化处理，见式（2-36）和式（2-37）：

$$\sum W_i=4.196 \tag{2-36}$$

$$W=\frac{W_i}{\sum W_i} \tag{2-37}$$

得出归一化权重矩阵，见式（2-38）和式（2-39）：

$$W= [0.360 \quad 0.160 \quad 0.200 \quad 0.280]^T \tag{2-38}$$

$$AW= [1.440 \quad 0.640 \quad 0.800 \quad 1.120]^T \tag{2-39}$$

计算判断矩阵的最大特征根 λ_{max}，见式（2-40）：

$$\lambda_{max}=\frac{AW_i}{nW_i}=\frac{1.440}{4\times0.360}+\frac{0.640}{4\times0.16}+\frac{0.800}{4\times0.200}+\frac{1.120}{4\times0.280}=4.000 \tag{2-40}$$

进行一致性检验，见式（2-41）和式（2-42）：

$$C.I.=\frac{\lambda_{max}-n}{n-1}=\frac{4.000-4}{4-1}=0 \tag{2-41}$$

$$C.R.=\frac{0}{0.9}=0<0.1 \tag{2-42}$$

根据以上的计算可知，专家对气体因素中的各个风险因素的权重为

$$W= [0.360 \quad 0.160 \quad 0.200 \quad 0.280]^T \tag{2-43}$$

根据以上的计算可知，专家对堆体健康风险评价的权重如表 2-7 所示。

表 2-7　堆体健康风险权重表

目标层 A	准则层 B	指标层 C	综合权重 A（$B\times C$）
堆体健康风险评价	固体因素 B_1（0.202）	堆体边坡坡度 C_1（0.269）	0.054
		单元堆体厚度 C_2（0.159）	0.032
		堆体高度 C_3（0.115）	0.023
		防“四害”作用 C_4（0.115）	0.023
		填埋压实程度 C_5（0.192）	0.039
		堆体组分含量 C_6（0.159）	0.032
	液体因素 B_2（0.323）	渗滤液导排系统 C_7（0.348）	0.112
		当地降雨量 C_8（0.130）	0.042
		防渗设施 C_9（0.304）	0.098
		防雨系统 C_{10}（0.210）	0.068
	气体因素 B_3（0.475）	气体导排系统 C_{11}（0.360）	0.171
		气体处理设施 C_{12}（0.160）	0.076
		异味气体 C_{13}（0.200）	0.095
		易燃易爆气体 C_{14}（0.280）	0.133

2.3.4　建立模糊关系矩阵

根据 2.3.3 节各个风险源的风险值评估结果，专家对各个风险进行风险等级划分，并得出模糊关系矩阵 R，如表 2-8 所示。

表 2-8　堆体健康风险源评判矩阵 *R*

健康	亚健康	不健康	很不健康
0	0.1	0.2	0.7
0	0.5	0.5	0
0	0.6	0.3	0.1
0.6	0.1	0.2	0.1
0.2	0.6	0	0.2
0.3	0.5	0.2	0
0	0.7	0.2	0.1
0.3	0.7	0	0
0.2	0.5	0.3	0
0.1	0.6	0.3	0
0.4	0.6	0	0
0.3	0.5	0.1	0.1
0.8	0.1	0.1	0
0.3	0.4	0.3	0

2.3.5　模糊综合评价

最后可知其模糊综合评判结果为

$$B=A\times R=\{0.277,\ 0.478,\ 0.174,\ 0.069\} \tag{2-44}$$

经归一化处理后得

$$B=\{0.278,\ 0.479,\ 0.174,\ 0.069\} \tag{2-45}$$

根据隶属函数的最大原则和评语集 V 中的相应元素，可以确定该垃圾填埋场堆体的健康风险等级为亚健康。主要的风险因素包括气体导排系统、易燃易爆气体和渗滤液导排系统，它们的权重依次为 0.171、0.133 和 0.112。

2.3.6　主成分分析法

运用主成分分析法提取主成分。针对垃圾填埋场的 14 种影响因素，运用主成分分析法进行垃圾填埋场综合评价。采用 SPSS 25.0 软件对 14 个样本数据进行标准化，并计算特征值的累计方差贡献率，得出主成分总方差解释，如表 2-9 所示。

表 2-9　总方差解释　　%

成分	初始特征值			提取载荷平方和		
	总计	方差贡献百分比	方差总贡献率	总计	方差贡献百分比	方差总贡献率
1	15.097	75.483	75.483	15.097	75.483	75.483
2	1.827	9.134	84.617	1.827	9.134	84.617
3	0.848	4.238	88.855	—	—	—

续表

成分	初始特征值			提取载荷平方和		
	总计	方差贡献百分比	方差总贡献率	总计	方差贡献百分比	方差总贡献率
4	0.565	2.827	91.682	—	—	—
5	0.490	2.452	94.134	—	—	—
6	0.395	1.973	96.107	—	—	—
7	0.294	1.471	97.578	—	—	—
8	0.181	0.904	98.482	—	—	—
9	0.106	0.529	99.012	—	—	—
10	0.088	0.441	99.452	—	—	—
11	0.054	0.272	99.725	—	—	—
12	0.043	0.214	99.939	—	—	—
13	0.012	0.061	100.00	—	—	—
14	1.217E-15	6.086E-15	100.00	—	—	—
15	5.665E-16	2.833E-15	100.00	—	—	—
16	2.062E-16	1.031E-15	100.00	—	—	—
17	1.630E-16	8.149E-16	100.00	—	—	—
18	1.272E-17	6.360E-17	100.00	—	—	—
19	−1.631E-16	−8.15E-16	100.00	—	—	—
20	−3.687E-16	−1.84E-15	100.00	—	—	—

基于 SPSS 25.0 软件生成的总方差解释表明从初始解中提取了两个主成分，其方差总贡献率为 84.617%，即可以描述原变量信息达到 84.617%，得出第一项特征值为 15.097，方差百分比 75.483%，第二项特征值为 1.827，方差贡献百分比为 9.134%。因此，选用第一个主成分和第二个主成分作为评价的综合指标，提取前两个主成分，其成分矩阵如表 2-10 所示。表 2-10 中 0.957 为最高值，a_3 评价指标排名第一，a_3 表示专家三的评价信息，也就是专家三的评价信息收取率最高。专家打分信息见附录。

表 2-10 成分矩阵

项目	成分		项目	成分	
	1	2		1	2
a_3	0.957	—	c_1	0.872	−0.353
a_4	0.955	—	a_2	0.856	−0.359
c_4	0.933	—	d_1	0.838	—
b_1	0.924	—	a_5	0.830	−0.491
c_3	0.906	—	b_5	0.827	0.353
d_2	0.896	—	a_1	0.822	−0.442

续表

项目	成分		项目	成分	
	1	2		1	2
c_5	0.893	—	d_4	0.814	—
d_3	0.881	—	b_2	0.812	0.431
d_5	0.881	—	b_4	0.799	0.499
c_2	0.873	—	b_3	0.779	0.535

计算综合评价分值：写出两个主成分的表达式，根据两个主成分所对应的特征值建立主成分综合模型，即 $F=(\lambda_1\times Z_1+\lambda_2\times Z_2)$/方差总贡献率，代入数据计算可得影响因素排名前五的综合评价值，如表 2-11 所示。

表 2-11 影响因素垃圾填埋场综合评价值

影响因素	F 值	排序
气体导排系统	1.71	1
渗滤液导排系统	1.12	2
堆坡边坡坡度	0.83	3
易燃易爆气体	0.70	4

由表 2-11 可知，垃圾填埋场的影响因素依次排序为气体导排系统 c_{11}、渗滤液导排系统 c_7、堆体边坡坡度 c_1、易燃易爆气体 c_{14}。层次分析法评价结果影响因素前三排序为气体导排系统 c_{11}、易燃易爆气体 c_{14}、渗滤液导排系统 c_7。主成分分析法综合评价结果与层次分析法评价结果基本一致。

2.4 垃圾填埋场堆体健康风险评价软件设计与实现

2.4.1 软件设计需求分析

污染场地多层次土壤与地下水风险评估系统基于保护人体健康和水环境的定量风险评估；计算土壤及地下水中污染物的筛选值/修复目标、风险值/危害商、暴露途径贡献率、介质浓度；预测地下水侧向迁移的浓度衰减规律、筛选统计污染数据超标情况；在线存储和更新多层次数据库；根据英国 CL：AIRE & CIEH 统计导则分析污染物数据。

垃圾填埋场健康风险评价软件囊括美国 ASTM RBCA 2081、英国 CLEA 导则及我国《建设用地土壤污染风险评估技术导则》（HJ 25.3—2019）中的主要评估模型；涵盖 20 余种多介质溶质迁移模型；收录 627 种污染物理化与毒理参数；考虑原场与离场的健康及水环境受体；快速构建污染场地暴露概念模型；批量处理和统计分析污染数据；预测地下水污染侧向迁移规律等。

下面介绍垃圾填埋场健康风险评价软件的使用方法。

2.4.1.1 软件安装

（1）双击在文件夹 ▸ HRADS ▸ Debug 中的安装程序 HRADS，打开软件安装对话框（图 2-2）。

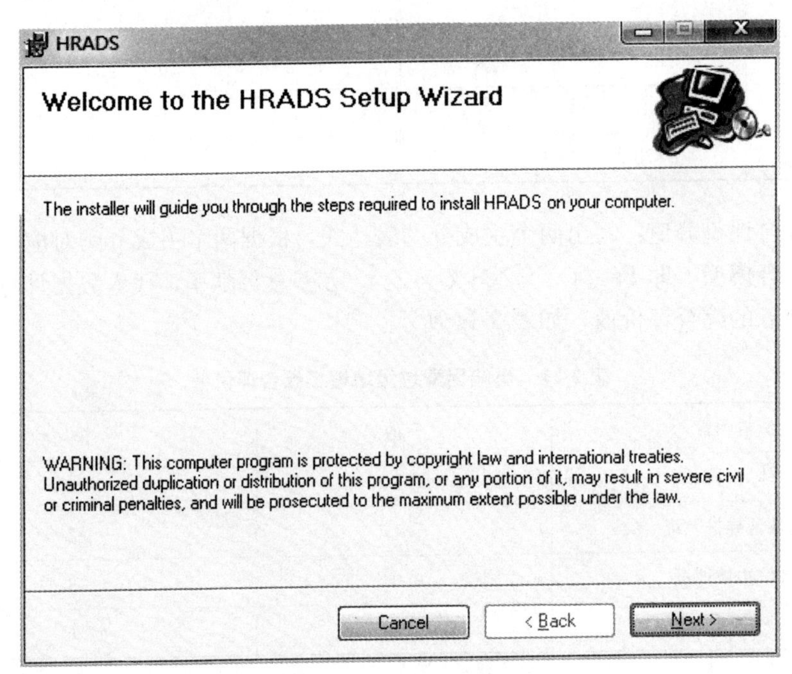

图 2-2　软件安装对话框

（2）单击 Next 按钮，打开如图 2-3 所示对话框。

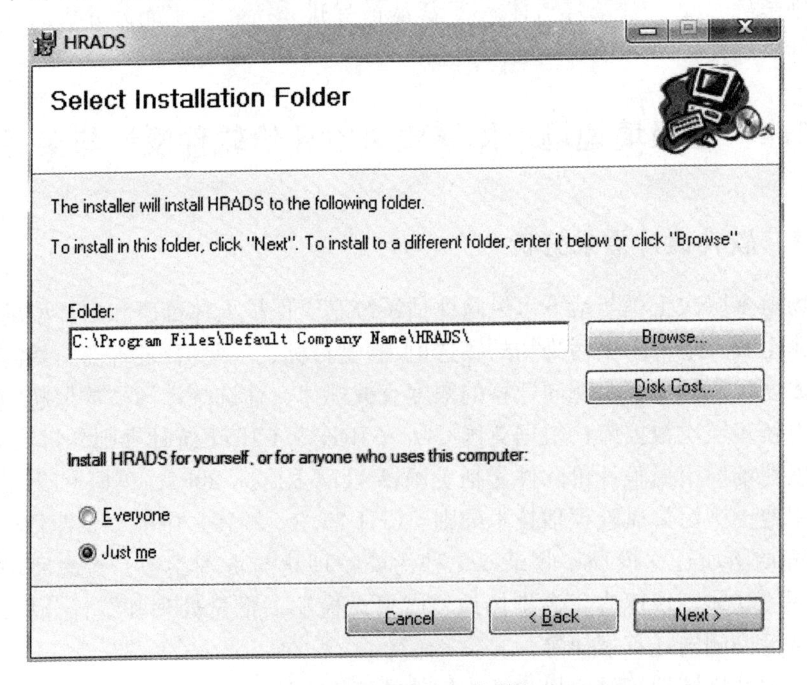

图 2-3　安装设置对话框

（3）更改安装路径为“d：\Program Files\Default Company Name\HRADS\”（图 2-4），单击 Next 按钮。

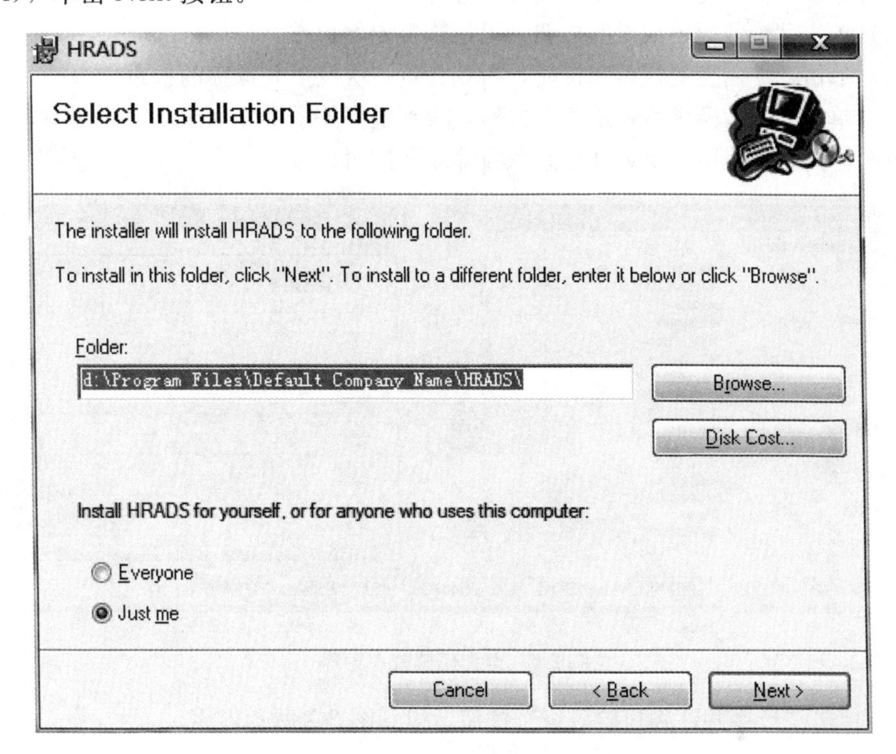

图 2-4　更改安装路径

安装完成后桌面会显示图标  。

2.4.1.2　软件使用

（1）双击图标 HRADS.exe 打开程序（图 2-5）。

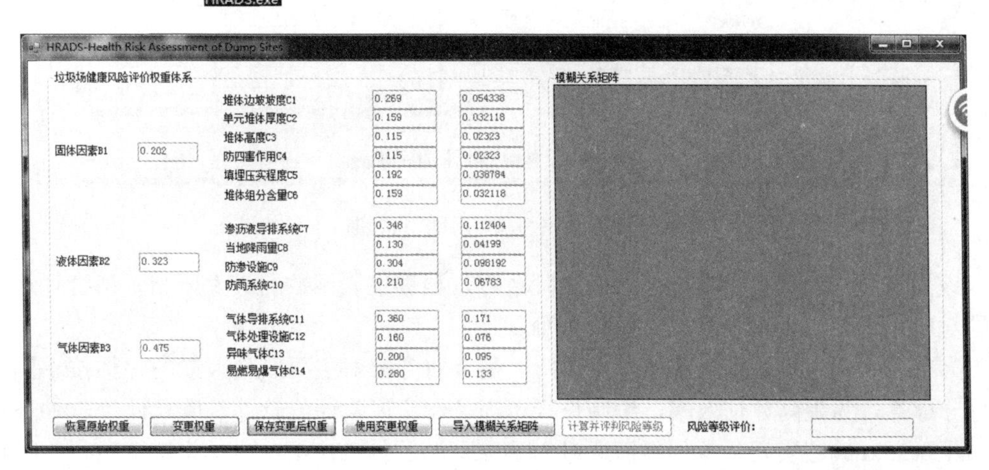

图 2-5　设置权重体系界面

(2) 单击“变更权重”按钮，可对相应权重进行更改。

(3) 单击“保存变更后权重”按钮，保存变更后的权重。

(4) 单击“恢复原始权重”按钮，可以恢复原始权重。

(5) 单击“使用变更权重”按钮，得到最近一次变更并保存的权重。

(6) 单击“导入模糊关系矩阵”按钮，得到模糊关系矩阵（图 2-6），可对矩阵内容进行更改，同时能使用“计算并评判风险等级”按钮。

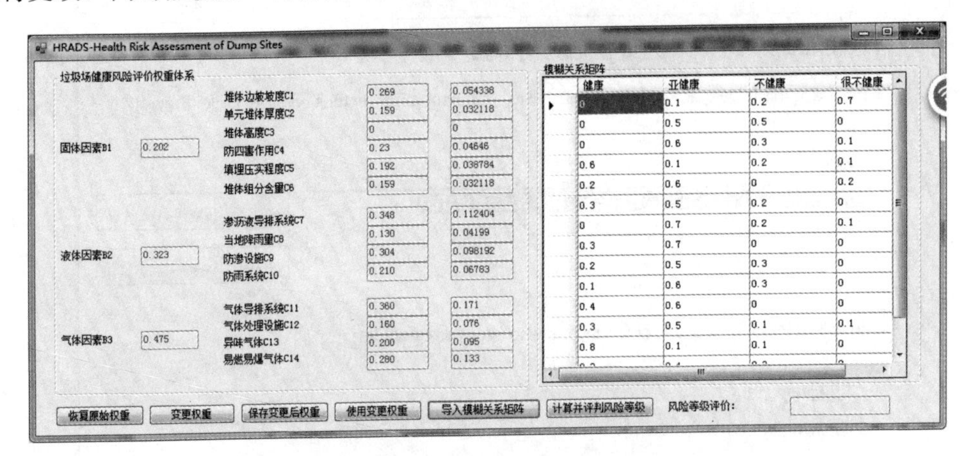

图 2-6　得到模糊关系矩阵

(7) 单击“计算并评判风险等级”按钮，得到图 2-7 所示界面。

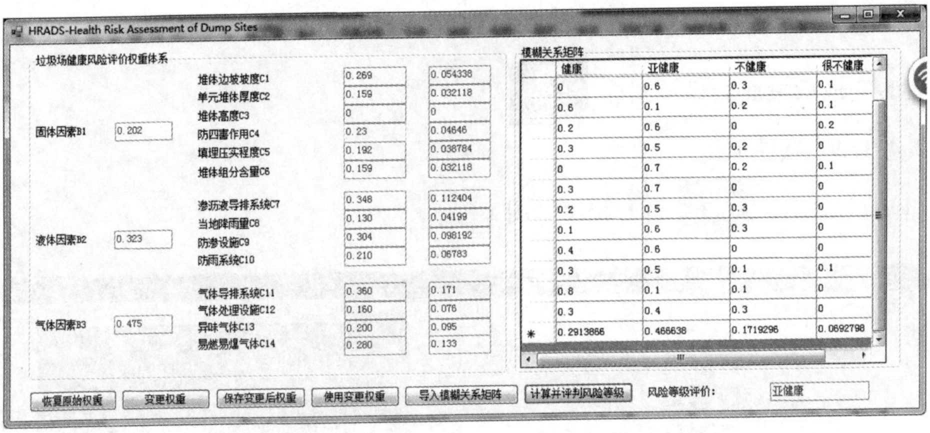

图 2-7　单击“计算并评判风险等级”按钮后得到的界面

该界面显示根据权重计算获得的风险系数，根据隶属函数的最大原则，结合评语集中的对应元素，得到系统的风险等级评价。

为有效评判垃圾填埋场堆体健康风险，需要将专家对主要风险因素的评估按不同权重打分计算，为提高评估效率，编制垃圾填埋场健康风险评价软件。风险评价软件通过 Visual Studio 编程实现，软件界面通过 MFC 框架设计，在 Windows 系统上运行。模糊综合评价模型较为简单，且主要基于数据处理进行风险评价，而 Visual Studio 是面向对象编程的主流语言，运行效率较高，可有效完成软件的设计与开发工作。

2.4.2 软件测试

软件设计完成后对软件进行测试，首先进行软件计算准确性测试，分别对各风险因素赋予极限值 0 和 1，获得对应综合权重为 0 或最大值，更改评价矩阵健康、亚健康、不健康、很不健康四个等级对应数值为极限值 0 和 1，计算后获得风险等级评价为 1 对应的风险等级。其次进行按钮有效性测试，按数据计算控制模块描述进行测试。再次进行有效性和适用性测试，代入前文垃圾填埋场健康风险评价结果进行验证，获得该垃圾填埋场堆体健康风险等级为亚健康，对堆体健康风险较大的前三种因素分别为气体导排系统、易燃易爆气体、渗滤液导排系统三种因素，它们所占比重分别为 0.171、0.133、0.112，与层次分析模型和模糊综合评价模型计算结果相同。

3　堆体整形与处理

3.1　垃圾堆体的稳定性

3.1.1　堆体沉降影响因素

垃圾填埋过程中的堆体沉降是由于废弃物的自重、压缩和分解等因素导致堆体高度逐渐下降的过程。堆体沉降主要受垃圾组分和有机质含量的影响，与填埋作业过程无关。但是，垃圾填埋场的设计使用寿命有限，特别是最新填埋的垃圾填埋时间较短，造成其降解过程不完全，因此堆体的实际沉降过程受到填埋运行维护等多种因素的影响。在垃圾填埋场的运营管理中，沉降是一个重要问题，其可分为填埋堆体沉降和地基沉降两部分。其中，地基沉降会对填埋场底部的防渗系统和地下水导排系统造成重大影响。填埋堆体的沉降将持续很长时间，最终沉降量可达初始填埋高度的20%～30%。大部分堆体沉降发生在最初或早期填埋阶段。因此，从经济角度来看，提高早期堆体沉降速率及数量对卫生填埋场的管理至关重要。从维护角度来看，后期沉降会导致填埋场覆盖系统表面积水，使土体材料产生裂缝，撕裂土工膜，破坏土工复合排水层等问题。因此，后期沉降也会对填埋场的维护造成一系列问题。综上所述，这种沉降可能影响填埋场的稳定性和容量，增加了填埋场坍塌或滑坡的风险，同时会影响填埋场的使用寿命。早期堆体沉降的提高对经济和管理都至关重要，而后期沉降则对填埋场的维护带来挑战。

垃圾堆体的固结沉降速度会受到排水和导气能力的影响。对饱和土，固结程度取决于孔隙水压力的消散程度。而垃圾堆体通常属于非饱和土，在降解过程中会产生气体。研究非饱和土的固结包括孔隙气压和孔隙水压随土体变形和时间消散的规律。在填埋场使用黏土临时覆盖并加层时不清除堵塞的渗滤液收集和导气系统，堆体渗透性的决定因素将不再是垃圾孔隙比，而是堵塞的程度。这将导致渗透系数相比填埋垃圾下降一个数量级，从而减缓堆体的固结过程和应力历史演化，使其处于欠固结的非稳定状态。如果在这种情况下，通过结构改变或采取措施加快导气和排水，局部压力迅速释放，不仅会导致不均匀沉降，而且可能在堆体内产生流体压力差，出现涌水和失稳等风险。排水厚度对固结时间有显著影响。在垃圾层上下构建连接导气井的盲沟可以减半排水厚度，从而促进快速沉降。然而，盲沟和导气井的功能需要合理设计和及时维护，可以采取提高坡度、疏通和扶正等措施来克服不均匀沉降的负面影响。

堆体内的积水会影响其沉降量和沉降计算深度。如果填埋场的浸润线较高，堆体的重力将受到浮力的抑制。当水位下降时，堆体的自重沉降仍然会发生。这说明保持低水位对堆体是必要的，但采取强化降水位的措施可能会带来较大的沉降，需要引起相应的重视。在沉降计算方面，加层压缩作用的影响深度取决于附加应力与堆体具体深度自重应力之比。如果堆体中存在积水，加层的影响范围和影响力会增加。这个结论仅适用于隔水层以上的情况，如果存在底部防渗层或黏土覆盖层，则不考虑上方积水的浮力影响。典型填埋场运行与沉降过程如图 3-1 所示。

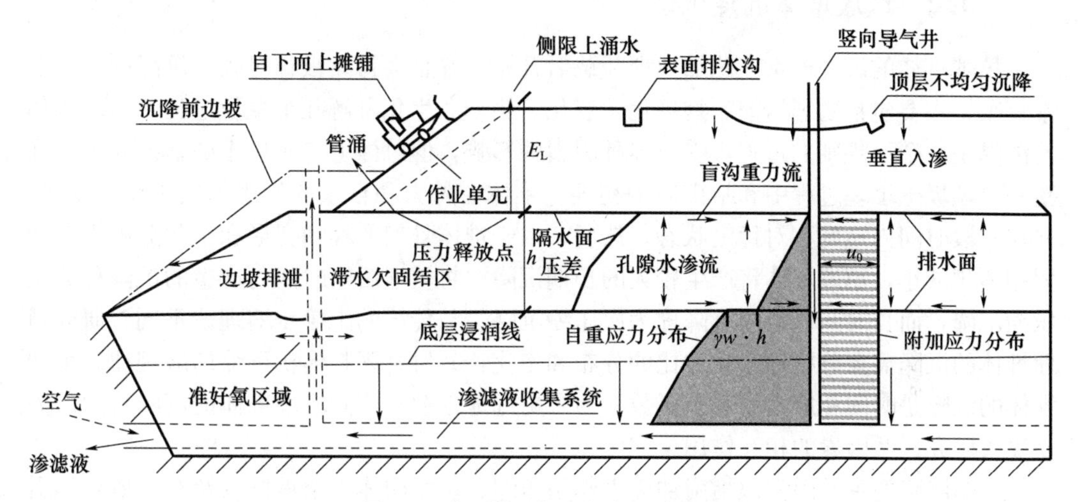

图 3-1　典型填埋场运行与沉降过程

综上所述，影响堆体沉降的因素主要包括以下几个方面：

1. 废弃物类型

不同类型的废弃物具有不同的密度、含水量和分解速度等特性，这些因素都会影响堆体的沉降。例如，有机废弃物比如食品垃圾和植物残余物质容易分解，会产生更多的气体和液体，从而导致堆体更快地下降。

2. 填埋方式

填埋方式也会影响堆体的沉降。如果采用了高密度填埋，即在填埋过程中使用大型振动器和压路机等设备来压实废弃物，那么堆体沉降的速度可能更快。填埋物质的密实度、覆盖层的厚度等也都会影响堆体沉降。

3. 环境因素

环境因素也是影响堆体沉降的重要因素之一。例如，填埋场周围的地形、水文条件和气候等因素都会影响堆体的沉降，雨水渗入填埋场内部会使填埋物质湿润，从而增加了堆体的质量，导致堆体沉降。如果填埋场位于地震活跃区域或洪水易发区域，那么堆体的沉降速度可能更快。

4. 填埋时间

填埋时间也是影响堆体沉降的因素之一。随着时间的推移，废弃物逐渐分解和压缩，导致堆体高度逐渐降低。因此，在规划填埋场时需要考虑到填埋时间对堆体沉降的影响，并制定相应的管理措施。

5. 土壤类型

土壤类型对堆体沉降也有一定的影响。不同类型的土壤具有不同的压缩性和稳定性，这些特性会影响堆体的沉降速度和稳定性。因此，在填埋场规划和设计中需要考虑到土壤类型对堆体沉降的影响，并选择合适的土方工程技术。

总之，堆体沉降是封场后垃圾填埋场管理需要关注的重要问题之一。需要考虑到废弃物类型、填埋方式、环境因素、填埋时间和土壤类型等因素对堆体沉降的影响，并采取相应的管理措施来减小其影响。

3.1.2 垃圾堆体沉降机理

填埋堆体的沉降通常在施加填埋荷载后开始，并且会持续很长时间。沉降的机理非常复杂，主要包括物理压缩、物理化学变化、错动和生化分解几个主要过程。填埋堆体的沉降是一个不规则的过程，受到多种因素的影响，但总体上与有机土的情况相似。在新一层垃圾土填埋过程中和结束后的初期，堆体在外力和自重的作用下发生压缩变形，并在一段时间内达到相对稳定状态。然后，由于堆体骨架的移动变形和生化分解引起的固相体积减小，填埋堆体将产生较大的长期沉降。将填埋后短时间内产生的沉降称为主压缩沉降，而长时间产生的沉降称为次压缩沉降。与传统的土壤压缩理论不同，研究填埋堆体的沉降需要分析堆体孔隙比的分布和变化，并讨论固相体积压缩递减规律。填埋堆体的沉降是时间和应力的双重函数。为了更好地理解和预测填埋堆体的沉降行为，需要深入研究这些因素的相互作用。

影响沉降的主要因素包括附加应力作用压缩、垃圾固体骨架重排以及有机质降解引起的质量和固相体积损失。堆体的沉降可分为瞬时沉降、主固结沉降和次固结沉降。瞬时沉降是非饱和土的初始压缩，在填埋作业后通常很快完成。主固结沉降主要反映附加应力和自重应力的压缩作用，一般历时 3 个月左右。次固结沉降包括垃圾固体骨架的蠕变和降解引起的沉降，降解过程漫长，可能长达 25 年。这也是堆体沉降与常规土的主要区别，也是沉降问题未来研究的关键。另外，区别一般岩土，同样假设前提下，依孔隙比变化的垃圾土沉降表达式需引入骨架体积缩减率概念，其等式关系见式（3-1）。

$$1-\alpha=\frac{V_t/(1+e_t)}{V_0/(1+e_0)}=\frac{(V_0-\Delta V)\cdot(1+e_0)}{V_0\cdot(1+e_0-\Delta e)} \tag{3-1}$$

式中 V_0——垃圾土初始体积（m^3）；

e_0——初始孔隙比（%）；

V_t——垃圾土填埋后 t 时刻的体积（m^3）；

e_t——垃圾土填埋后 t 时刻的孔隙比（%）；

α——垃圾土填埋后 t 时刻的骨架体积缩减率（%）；

ΔV——垃圾 t 时刻的体积变化量（m^3）；

Δe——孔隙比变化量。

另设 H_0 为垃圾土初始高度，ΔH 为垃圾 t 时刻的高度变化量。设土体横截面面积不变，可知垃圾土高度等比于垃圾土体积，则根据式（3-1）可得出堆体沉降量表达式，见式（3-2）。

$$\frac{\Delta H}{H_0}=\alpha+\frac{\Delta e}{1+e_0}(1-\alpha) \tag{3-2}$$

从式（3-2）可以看出，垃圾土的沉降可以明显地分为两部分，即降解骨架体积缩减量和未降解残余部分（包括有机质和无机物）的压缩沉降量。这解释了堆体沉降的本质：多孔介质的固体骨架因自重或附加应力而导致孔隙压缩，以及由于降解而导致的骨架体积损失。沉降是压缩作用和降解作用叠加的结果。此外，当参数 α 趋近于 0 时，式（3-2）与常规土的情况一致，即初期压缩只反映了垃圾作为“土”所具有的特性。随着垃圾降解率的增加，参数 α 增大，降解对沉降的贡献也增加，垃圾的压缩逐渐展现出生化特性。

3.1.3 填埋场堆体沉降计算

填埋场堆体沉降应采用土柱法计算，应按图 3-2 将土柱分为 n 层，在 t 时刻第 i 层垃圾的压缩量应按图 3-3 的流程计算。

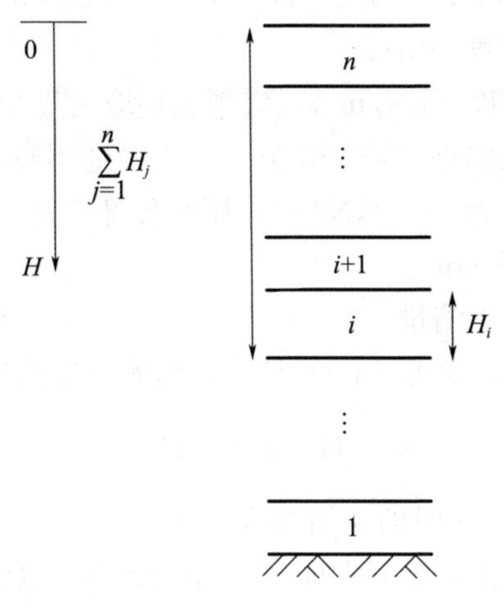

图 3-2 垃圾土柱分层示意图

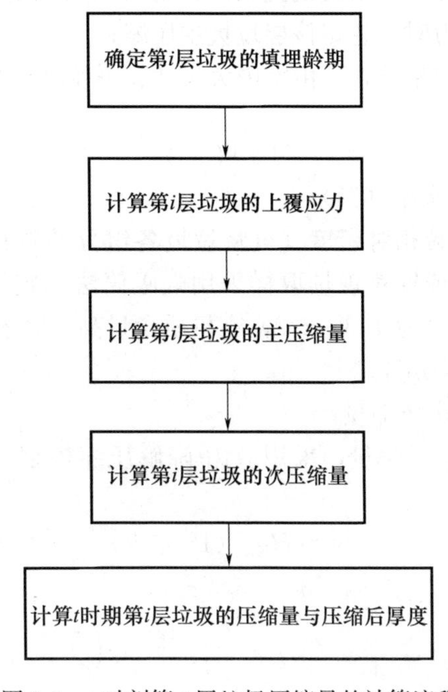

图 3-3 t 时刻第 i 层垃圾压缩量的计算流程

1. 确定第 i 层垃圾的填埋龄期

根据填埋规划确定在 t 时刻第 i 层垃圾的龄期 t_i，第 n 层垃圾的龄期 t_n。

2. 计算第 i 层垃圾的上覆应力

第 i 层垃圾的上覆应力应按式（3-3）和式（3-4）计算：

$$\sigma_i = \sum_{j=i}^{n} \gamma_j H_j \tag{3-3}$$

$$\gamma=\begin{cases}\gamma_0+\dfrac{13.5-\gamma_0}{30}H & (H\leqslant 30\text{m})\\ 13.5+0.1(H-30) & (H>30\text{m})\end{cases} \tag{3-4}$$

式中 H_j——第 j 层垃圾厚度（m）；

γ_j——第 j 层垃圾重度（kN/m^3）（宜现场钻取大直径试样测定）；

γ_0——填埋垃圾初始容重（kN/m^3）（压实程度不良，宜为 5 ～7kN/m^3；压实程度中等，宜为 7 ～9kN/m^3；压实程度良好，宜为 9 ～12kN/m^3）；

H——填埋垃圾埋深（m）。

3. 计算第 i 层垃圾的主压缩量

第 i 层垃圾的主压缩量应按式（3-5）计算，初始孔隙比应按式（3-6）计算：

$$S_{pi}=H_{i,w}\frac{C_c}{1+e_0}\lg\left(\frac{\sigma_i}{\sigma_0}\right) \tag{3-5}$$

式中 $H_{i,w}$——第 i 层垃圾填埋时的初始厚度（m）；

σ_0——垃圾前期固结应力（kPa）可由试验确定，无试验数据时取 30kPa；

σ_i——第 i 层垃圾所受上覆有效应力（kPa），即第 i 层及以上垃圾有效自重应力，计算应符合本规范正文部分附录 C 的规定，当上覆有效应力小于前期固结应力时，忽略该层垃圾主压缩；

C_c——垃圾主压缩指数，可由室内大尺寸新鲜垃圾压缩试验测定。

$$e_0=\frac{\gamma_w d_s}{(1-W_c)\gamma_0}-1 \tag{3-6}$$

式中 W_c——垃圾初始含水率（%）；

d_s——垃圾平均颗粒相对密度（可将垃圾各组分的颗粒相对密度按质量含量加权平均计算或针对现场取样采用虹吸筒法测定。无试验数据时，垃圾颗粒相对密度可为 1.3～2.2，有机质含量高、降解程度低的垃圾取低值）；

γ_w——水重度（kN/m^3）。

4. 计算第 i 层垃圾的次压缩量

t 时刻第 i 层垃圾的次压缩量，采用应力-降解压缩模型，按式（3-7）和式（3-8）计算。

$$S_{si}=H_{i}\varepsilon_{dc}(1-e^{-ct_i}) \tag{3-7}$$

$$\varepsilon_{dc}(\sigma_i)=\begin{cases}\varepsilon_{dc}(\sigma_0), & \sigma_i\leqslant\sigma_0\\ \varepsilon_{dc}(\sigma_0)-\dfrac{C_c-C_{c\infty}}{1-e_0}\lg\left(\dfrac{\sigma_i}{\sigma_0}\right), & \sigma_i>\sigma_0\end{cases} \tag{3-8}$$

式中 $\varepsilon_{dc}(\sigma_i)$——上覆应力 σ_i 长期作用下垃圾降解压缩应变与蠕变应变之和；

$\varepsilon_{dc}(\sigma_0)$——前期固结应力 σ_0 长期作用下垃圾降解压缩应变与蠕变应变之和（宜

采用室内压缩试验测定，无试验数据时宜取20%～30%，有机质含量高的垃圾取高值）；

$C_{c\infty}$——完全降解垃圾的主压缩指数［宜采用室内压缩试验确定，无试验数据时 $C_{c\infty}/(1+e_0)$ 宜取0.15］；

c——降解压缩速率（1/月），［宜取0.005～0.015/月，有机物含量高的垃圾及适宜降解环境取高值］；

t_i——第 i 层垃圾的填埋龄期（月）。

5. 计算 t 时刻第 i 层垃圾的压缩量与压缩后的厚度：

第 i 层垃圾的压缩量按式（3-9）计算：

$$S_i = S_{pi} + S_{si} \tag{3-9}$$

第 i 层垃圾压缩后厚度 H 按式（3-10）计算：

$$H' = H_i - S_i \tag{3-10}$$

t 时刻填埋场垃圾堆体沉降量应按式（3-11）计算：

$$S = \sum_{i=1}^{n} S_i \tag{3-11}$$

3.1.4　边坡稳定性破坏类型及原因

垃圾填埋场堆体边坡稳定性破坏是垃圾填埋场运营过程中的一个常见问题。主要表现为边坡滑动、倒塌、断裂等现象。以下介绍几种边坡稳定性破坏及其原因：

滑动破坏：边坡滑动破坏是垃圾填埋场边坡稳定性最常见的一种破坏类型。其主要原因是填埋物的质量和湿度不均匀，导致填埋物在边坡上的分布不均，从而引起边坡滑动。

倒塌破坏：边坡倒塌破坏是指边坡整体向下倾斜或倒塌的现象。其主要原因是填埋场设计和建设质量不高，如边坡坡度太陡、填埋物密实度不足等，导致边坡失去稳定性。

断裂破坏：边坡断裂破坏是指边坡发生明显的裂缝或断裂现象。其主要原因是填埋场地基不稳定，如地基土壤承载力不足、地质条件不良等，导致边坡失去稳定性。

冲刷破坏：边坡冲刷破坏是指填埋场边坡被降雨等自然因素侵蚀，从而导致边坡表面松散或崩塌的现象。其主要原因是填埋场周围水土流失、排水系统不完善等。

总之，垃圾填埋场堆体边坡稳定性破坏类型及原因多种多样。为了减少边坡稳定性破坏对环境的影响，需要加强填埋场设计和建设质量、优化填埋物质的组成、控制天气条件、规范操作管理等方面的工作。同时，需要加强监测和预警工作，及时发现和处理边坡稳定性问题，确保填埋场的安全运营。

3.1.5　边坡稳定性评价方法

评价边坡稳定性的常用方法主要有以下4类：

（1）定性分析法。选择可定性因素进行分析，包括边坡的形状、坡度、所处环境、地质条件和演变史、变形程度、大小及相关影响因素等，以此评价边坡的稳定性。

（2）极限平衡分析法。将可能造成滑面的岩体及土体视为应力分布均匀的滑体，然后根据其滑动应力分析出边坡的稳定性。

（3）数值分析法。利用边坡位移场、应力场（有限单元分析法）、岩、土体强度等参数对边坡滑面的稳定系数进行计算，进而分析出边坡的稳定性。

（4）工程地质类比法。将所研究边坡或拟设计的人工边坡与已经研究过的或已有经验的边坡进行类比，以评价其稳定性，并提出合理的坡高和坡角。

3.1.6 堆体稳定性验算

堆体稳定性验算是垃圾填埋场运营过程中一个重要的问题。下面介绍垃圾填埋场堆体稳定性验算的方法和步骤，并探讨如何提高填埋场的堆体稳定性。借助确定边坡参数、分析堆体荷载、计算边坡稳定系数等步骤，可以有效地提高填埋场的堆体稳定性。

1. 垃圾填埋场堆体稳定性验算的方法和步骤

（1）确定堆体边坡参数：需要确定填埋场堆体边坡的参数，包括边坡高度、边坡倾斜角度、边坡土壤类型等。

（2）分析堆体荷载：根据填埋场的实际情况，分析堆体所承受的荷载，包括填埋物的质量、地震力、风力等因素。

（3）计算边坡稳定系数：根据边坡参数和堆体荷载，采用现有的计算方法计算边坡稳定系数。常用的计算方法包括平衡法、极限平衡法、有限元法等。

（4）判断边坡稳定性：根据计算结果，判断边坡的稳定性。如果计算得到的边坡稳定系数小于规定的安全系数，则说明边坡不稳定，需要采取相应的措施加强边坡的稳定性。

（5）优化填埋场设计：根据边坡稳定性验算的结果，可以优化填埋场的设计，如调整边坡坡度、增加边坡支撑等，从而提高填埋场的堆体稳定性。

2. 堆体稳定影响因素及控制措施

（1）对填埋场库容利用的影响

如果忽略沉降，将垃圾堆填完成时所占空间视为已消耗库容，那么填埋场单位库容的收纳量将明显减小。由于垃圾沉降随时间变化，填埋场的库容具有空间和时间两个属性。理论上，填埋场垃圾进场速率应无限小，填埋场使用寿命应无限长，以完成先后进场垃圾的降解过程，更多地体现已填垃圾作为“土”的特性，实现库容利用的最大化。理想情况下，填埋场设计的每日处理量应保证在某层垃圾摊铺压实至其上方加层填埋期间，该层垃圾能够实现大部分的沉降量。然而，在实际工作中，垃圾进场量往往超过设计处理能力，填埋作业面转换频繁，同一投影位置重叠堆高加层间隔较短，降解沉降逐层积累。这不仅缩短了填埋场的设计寿命，降低了实际垃圾收纳量，而且加剧了沉降的不利影响。

（2）对堆体安全的影响

正常情况下，沉降对于堆体的安全具有积极作用。堆体边坡是填埋场稳定的重要部分，采取放坡处理是确保填埋场安全的重要方法。一般填埋场边坡的坡度需在 1∶3 范围内，并在垃圾层间留有马道边坡来保证稳定性，安全系数一般可以保持在安全范围内。在加层作业时，下方垃圾层边坡附近的附加应力系数较小甚至可以忽略，因此尽管荷载面积较大，堆体边坡处的附加应力影响显著低于堆体内侧，压缩沉降量也较少。因此，堆体会产生向内侧逐渐加大的不均匀沉降，从而进一步减小边坡的坡度，并有利于强化垃圾上的加筋作用。此外，边坡长期处于相对高的孔隙比状态，在堆体固结沉降时，有利于填埋气和孔隙水的水平非侧限排泄，从而加快固结沉降。但需要注意相关渗流冲刷的影响，并在边坡临时覆盖材料下布设表面导排设施，以处理外渗污水。

垃圾堆体内部流体对其原有平衡状态的破坏，会引起堆体的安全问题。当填埋场的排水和导气功能不良时，孔隙气压力和超静孔隙水压力消散缓慢，新填堆体的重力势能无法释放，一旦局部、短时间释放，就容易引发大量涌水，从而导致事故发生。特别是在渗滤液收集系统堵塞、局部黏土或污泥覆盖等情况下，堆体下表面排水不畅时，饱和垃圾层可能出现呈梯度分布的超孔隙水压力。结合堆体固结状态和附加应力 ΔP，此分布有 5 种典型情况，见图 3-4。从图 3-4 中可以看出，除了图 3-4（c）外，其他情况下加层后向上排水面可能会涌水，而下方垃圾层未固结或固结度较低的情况下，水力梯度较大，具有更强的向上排水能力，潜在危害更大。因此，在图 3-4（b）情况下相对更危险，而图 3-4（c）情况相对较安全，并且能够更快地消散超孔隙水压力。

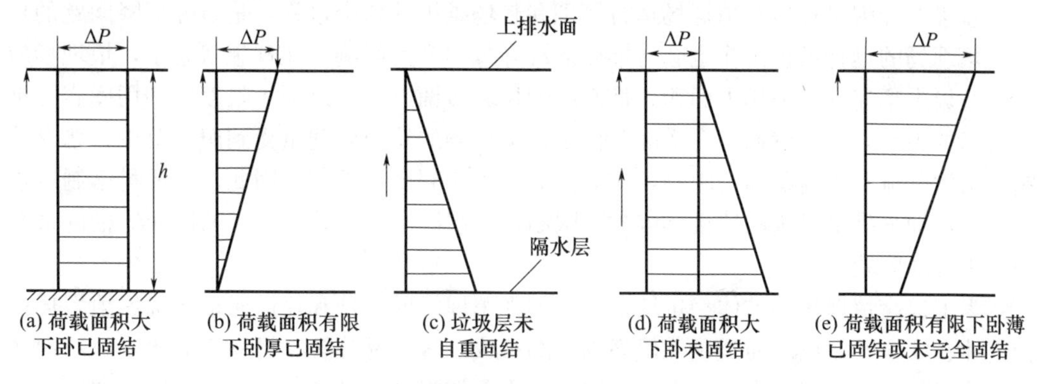

图 3-4 堆体加荷超孔隙水压力初始分布

如果附加应力突然施加或上排水面堵塞突然破坏，堆体内积聚的孔隙水压能将剧烈释放为渗流动能，产生明显的向上排水面的水头差和相应的水力梯度。假设渗透长度 l 不小于加层厚度，而后者等于下方垃圾层厚度 h，并且认为加层垃圾暂态饱和，则排水面以上的水力梯度为 $i \leqslant (Y_{sat}-Y_w)/Y_w$（其中 Y_{sat} 和 Y_w 分别为加层垃圾的饱和重度、水的重度）。换句话说，在这些假设前提下，渗流力可以持续影响堆体表面，但其大小不超过加载垃圾饱和重度与水的重度之差。因此，渗流力与浮力的合力不会超过垃圾饱和重度，理论上堆体仍然可以稳定，不会达到使垃圾颗粒漂浮的临界点。

需要注意的是，当填埋场单独填埋细颗粒、高重度物料如炉渣、污泥时，如果边坡存在薄弱部位并出现无侧限的非垂直渗流途径，渗流力无须克服全部重力，甚至可以与之形成合力，可能引发流土、管涌、滑坡等危急情况。此外，如果堆体排水不畅，沉降将导致浸润线相对于堆顶高度的增加，增大了控制堆体失稳风险的难度。因此，在条件允许的情况下，应缓慢进行堆高加层，设置中间导排系统，并密切监测边坡位移。

（3）对填埋场构筑物的影响

填埋场的构筑物包括垃圾坝、集水井、导气井、表面排水沟、监测等刚性构筑物以及临时道路、卸料平台、填埋气管道、盲沟、回灌布水设施、覆盖层及封场结构等非刚性设施。堆体沉降会导致这些设施直接受到影响，不均匀沉降会导致形变和土压力，使其失去功能并造成损坏。为了避免不良后果，设计和运营管理应规避沉降的负面影响。

相关工作应在堆体稳定后实施或进行预压处理，并充分利用填埋场的客观条件，如大宗物料堆存和大型机械停放。为了克服边坡处的不均匀沉降，必要时可以采取卸荷、反压、重整修坡等措施。

(4) 对填埋作业活动的影响

填埋场的作业活动应提前计划、精确实施，并对沉降问题进行预估和采取应对措施。需要准确测量填埋作业的高度、摊铺路线和加层厚度，并严格控制，以避免被动应对由沉降引起的堆体表面高程变化。垃圾车驾驶员和填埋场工作人员应了解相关的安全操作规定和知识，在指定的路线和区域内进行活动。卸料指挥和摊铺压实作业人员应密切关注堆体形变，防止车辆、机械倾覆等危险发生。雨污分流和气体收集设施应根据沉降情况进行维护和调整坡度，保持功能，并排查可能因沉降产生的隐患，包括填埋气体管道的状况和堆体可能滑落的危险物体等。

垃圾的降解过程贯穿填埋场运行管理和封场维护的整个过程，是研究沉降问题的核心。填埋场的运行维护工作也会对堆体的沉降过程产生影响。在理想状态下，填埋场应控制垃圾进场速率，采用大面积、低厚度的垃圾摊铺方式，以最大限度地利用库容并抑制沉降的不利影响。然而，在实际工作中，填埋场的垃圾处理量受到服务范围、恶臭控制、雨污分流和摊铺距离的限制，作业区面积也受到严格控制。因此，需要科学制定填埋计划，加强排水设施的建设和维护，限制垃圾层厚度，并采取科学的回灌等措施来合理解决沉降问题。

为了提高填埋场的堆体稳定性，应该加强填埋场的设计和建设质量，确保填埋场的稳定性和安全性。可以通过优化填埋物质的组成，减少易分解有机物质的含量，从而减缓堆体沉降速度，提高堆体稳定性。同时，需要加强排水系统建设、覆盖层的加厚等方式，控制雨水渗入填埋场内部，从而减小堆体沉降，提高堆体稳定性。应及时规范填埋场的操作管理，加强填埋物质的密实度、覆盖层的厚度等方面的管理，从而减小堆体沉降，提高堆体稳定性。最后，应该加强填埋场的监测和预警工作，及时发现和处理堆体稳定性问题，确保填埋场的安全运营。在填埋场的运行管理中，堆体沉降及其相关影响是不可避免的。需要充分重视和科学认识堆体沉降，并利用其积极作用，同时限制其负面影响。管理沉降的重点在于控制堆高过程中堆体的沉降，确保加层前下方垃圾的降解时间，并加速降解进程。

3.2 堆体整形方案

3.2.1 堆体整形的技术要点

1. 堆体高度和坡度的确定

在进行堆体整形时，需要根据填埋场的具体情况来确定堆体的高度和坡度。一般来说，堆体的高度不宜过高，以免发生滑坡等事故。同时，堆体的坡度应该适当，避免出现坡度太陡导致垃圾滑落等问题。通常情况下，堆体的高度不超过 15m，坡度不超过 30°。

2. 堆体宽度和长度的确定

堆体的宽度和长度也是进行整形时需要考虑的因素。一般来说，堆体的宽度应该适中，以便于施工和管理。同时，堆体的长度应该适当，避免出现过长导致垃圾分层不均等问题。通常情况下，堆体的宽度不超过 50m，长度不超过 200m。

3. 堆体表面的平整度和黏结度要求

在进行堆体整形时，需要保证堆体表面的平整度和黏结度达到一定要求。这样可以避免垃圾在填埋过程中发生滑落等问题，并且有利于后续的覆土和植被恢复。通常情况下，堆体表面的平整度应该控制在±0.5m 以内，黏结度应该达到 90%以上。

3.2.2 堆体整形步骤

堆体整形工艺是垃圾填埋场运营过程中一个重要的环节。提高填埋场垃圾堆体的整形质量，是未来填埋场封场后安全运行的重要保障。借助堆体整形工艺，可以使填埋场的表面平整、坡度合理，从而改善填埋场的环境，减小填埋场对周边环境的影响。此外，可以使填埋物质分布均匀、密实度适宜，从而提高填埋效率，减小填埋场占地面积。同时，可以减小填埋场的边坡坡度过大、表面不平整等安全隐患，从而确保填埋场的安全运营。垃圾填埋场堆体整形一般分为以下几个步骤：

1. 确定整形方案：根据填埋场实际情况，确定堆体整形方案，包括整形区域、整形高度、整形坡度等。

2. 分层整形：按照整形方案，对填埋场进行分层整形。首先对填埋场表面进行清理，然后按照整形方案逐层进行整形。

3. 均匀铺设填埋物：在整形过程中，要注意填埋物的均匀铺设，保证填埋物的密实度和均匀性。

4. 压实填埋物：在填埋物铺设完成后，要采用专业的压路机械对填埋物进行压实，从而提高填埋物的密实度。

5. 整形完毕：当所有层次的填埋物都铺设并压实后，整形工作就完成了。此时，填埋场的表面应该平整、坡度合理，符合整形方案要求。

3.2.3 堆体整形施工工艺

在施工前对垃圾堆体施工力量和施工现场进行统筹安排，从而保证土建施工和防渗施工顺利进行。由于垃圾土土工性质复杂多变，填埋场整形工程较一般的施工工程而言更加复杂。影响垃圾土土工性质的因素较多，例如填埋地经济条件、风俗习惯、气候特点和地质条件等。在上述不同条件下，随着填埋时间的推移，垃圾中大量的有机质会发生不同程度的物理、化学和生物降解反应，而引发垃圾土土工性质改变。垃圾土是一种特殊的杂填土，不同地区之间垃圾土的组成差异明显。因此，垃圾山体的开挖、回填、整形为工程核心，垃圾山体的整形施工技术准备工作至关重要。做好施工前的准备工作，对于填埋场合理供应资源、加快施工进度、提高工程质量、降低工程成本、增加经济效益等具有重要意义。在整形施工前，需要根据实际情况对整体工艺进行合理安排及部署。在施工过程中，需要注意保护环境，减小对周围居民的影响。一般堆体整形施工工艺主要包含测量放线、开挖回填方案设计、垃圾土的回填及压实、垃圾压实效果检测、素土覆盖等步骤。填埋场垃圾堆体整形施工工艺主要步骤如图 3-5所示。

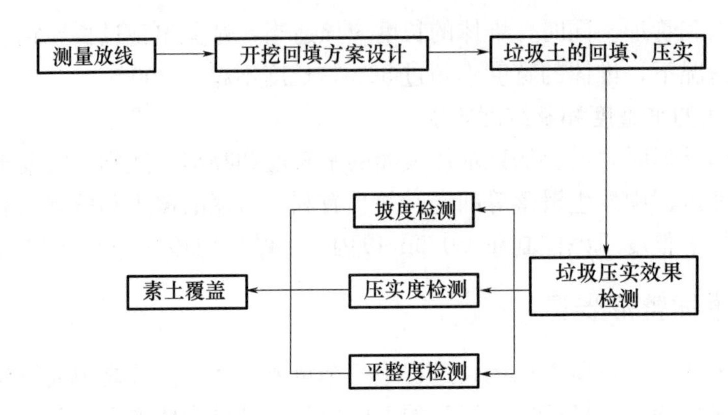

图 3-5　填埋场垃圾堆体整形施工工艺主要步骤

1. 测量放线

首先根据图纸坐标和现场地形，在堆体整形的平台上进行开挖控制桩的测量放线。通过对比现场实际和设计高程，为开挖和回填的设计方案给予数据支撑。

2. 开挖回填方案设计

开挖回填方案以土方平衡和就近弃土为前提，要求最大限度地降低二次倒运次数。另外，对于土石方施工还需注意机械设备组合及各项作业间的关系，从而保证各机械设备较高的利用效率。垃圾平衡的施工量需要在施工前进行确定，其依据原地貌高程和设计高程的相关数据，形成垃圾调运路线图和交通疏导方案。土方开挖需遵循自上而下的规律，首先开挖三级平台土方以形成车辆通道，然后开挖三级平台上下斜坡土方；成型后，再开挖二级平台土方，形成通道，并开挖二级平台上下土方，最后开挖一级平台土方。

3. 垃圾土的回填及压实

垃圾堆体含有大量难以分解的塑料物品和部分建筑垃圾土等，需要控制措施来确保堆体稳定。堆体的压实度是堆体稳定的先决条件，也是整形作业的重中之重。同时，合适的垃圾松铺厚度、碾压次数和最优的机械配套等参数需要在首次碾压完成后就被确定下来。在垃圾回填过程中，进行分层回填和分层碾压，杂填各种垃圾是为了获得平均的压实重度，从而减少堆体不均匀沉降的可能性。

4. 垃圾压实效果检测

试坑法和钻孔取样称重法是垃圾压实效果检测常用的两种方法。试坑法是在指定的区域内挖掘出一定量的垃圾，然后用确定的堆积密度、颗粒均匀的材料填充，通过填充材料的体积和挖出垃圾的质量确定密度。该方法具有试坑尺寸大，垃圾压实效果检测准确的特点。每 $500m^2$ 需要设置一个检测点，确保压实度大于等于 $800kg/m^3$ 才可进入下一层施工，并保证堆体的平整度误差小于 50mm。对于堆体局部坡度监测不合格的部位需要进行及时的整修，使边坡的线型和坡度保持一致。

5. 素土覆盖

碾压垃圾定型后，需要及时覆盖一层 10～30cm 的素土，这样不仅能让表面变得更平整，而且能防止污染物的外漏和蚊蝇的滋生，从而实现环境的保护。

以上各个施工步骤，主要用于实现垃圾的压实工作，从而达到堆体整形的自身稳定和良好的整体效果，并为堆体的覆盖防渗提供保障。

3.2.4 提高堆体整形质量

为了提高填埋场的堆体整形质量，减小堆体沉降对环境的影响，应该加强填埋场的设计和建设质量，确保填埋场的稳定性和安全性。可以通过优化填埋物质的组成，减少易分解有机物质的含量，从而减缓堆体沉降速度；可以通过加强排水系统建设、覆盖层的加厚等方式，控制雨水渗入填埋场内部，从而减小堆体沉降；可以规范填埋场的操作管理，加强填埋物的密实度、均匀铺设等方面的管理，从而提高堆体整形质量；可以采用新技术，如自动化整形技术、GPS 控制整形技术等，提高堆体整形工艺的精度和效率；可以加强填埋场的监测和预警工作，及时发现和处理堆体整形问题，确保填埋场的安全运营。

4　垃圾填埋渗滤液处理系统

4.1　渗滤液的导排现状

目前垃圾填埋场导排主要存在两个问题：一是垃圾填埋场使用液体转输系统的提升装置是潜污泵，由于垃圾渗滤液是高有机浓度废水，并且垃圾堆体中有一些塑料袋、线丝等不容易降解的大物体，很可能堵塞管道，所以目前垃圾填埋场用潜污泵时常需要维修，同时伴有安全隐患。垃圾填埋场在耗费人力的同时，也会相应减少提升泵的使用寿命进而提高运行管理费用。二是现有污水收集管渗流量日益变小，已不能顺利导出垃圾堆体产生的渗滤液，经分析，是渗滤液导排系统正逐渐失效。主要有以下原因：

1. 垃圾的有机质含量偏高，引起渗滤液导流层板结和收集管内结垢，长时间的使用逐渐堵塞渗流路径，使渗滤液导流层失效。

2. 垃圾填埋作业，分层填埋压实，每天覆盖、碾压后形成不透水层，影响渗滤液的渗透率。渗滤液只能通过作业面的坡度，汇流到导气石笼，通过导气石笼下流到渗滤液导流管中。由于渗滤液导流管内结垢，长时间的使用逐渐堵塞渗流路径，使渗滤液收集导排系统失效。

3. 垃圾中塑料袋经碾压后形成不透水层，影响渗滤液的渗透率。

由于渗滤液导排系统逐渐失效，不能顺利导出垃圾填埋场堆体产生的渗滤液，影响了继续堆高作业时垃圾堆体的稳定性，也影响了填埋场气体的正常收集利用。因此，急需对现有垃圾卫生填埋场渗滤液收集导排系统进行改造。

4.1.1　垃圾渗滤液产生的主要因素

渗滤液产生量受垃圾含水量、填埋场区降水量以及填埋作业区大小的影响，同时也受场区蒸发量、风力、场地的面积和植被种植情况等因素影响。

1. 垃圾含水量（或垃圾特性）

垃圾中的水含量占总量的比例就是含水量，不同的处理处置方式差别很大。湿润地区城市生活垃圾的含水量在30％～50％。根据季节不同，垃圾的含水量按照夏季50％、春秋季40％、冬季30％进行计算。

2. 填埋场区降水情况

降水是渗滤液的主要来源，其量的大小直接影响渗滤液的产生量。降水一部分会形成地表径流，另一部分则会下渗到垃圾填埋体中形成渗滤液。地表径流和下渗受到多种因素的影响，其中包括降水量的大小、降水强度、降水持续时间以及垃圾填埋场的遮盖状况等。在相同条件下，降水强度越大，超渗产流量就越高，地表径流也会增加；降水历时越长，覆土和垃圾的含水量越高，蒸发减少，下渗增加，填埋场覆盖层植被越好，地表径流减少，而下渗量增加。此外，垃圾中存在着大量有机物质，因此具备较高的持水性能，进而降低了雨水渗透的速度。

3. 填埋作业区大小

填埋作业区应根据填埋场的不同阶段及时进行覆盖，包括日覆盖、中间覆盖和终场覆盖，其厚度应符合《生活垃圾卫生填埋处理技术规范》（GB 50869—2013）的要求。作业区的大小会影响渗滤液的渗透率。

4. 填埋场区蒸发量

蒸发是指水由液态或固态转变成气态，并逸入大气中的过程。蒸发量是指在一定时段内水分通过蒸发而散布到空气中的数量，通常用蒸发掉的水层厚度来表示，可以使用不同的蒸发器来测定水面或土壤的水分蒸发量。一般来说，温度越高、湿度越低、风速越大、气压越低，蒸发量就会增加，反之则减少。填埋场区蒸发量指的是填埋场表面的蒸发量。

5. 地表径流

地表径流受到多种因素的影响，如地貌特征、垃圾填埋场上的覆盖物、植被分布、土壤的透水性、地表土壤最初的水含量和排水系统的状态等。填埋场的地形特征，如大小、形状、坡度、方位、高度和地表形状等，会影响地表积水的流动情况，其中坡度尤为重要。入渗速率会受到多种因素的影响，如土壤的质地、渗透能力和初始湿度，这些因素直接影响水在地下积聚以及地表径流情况。此外，在填埋场中，植被的遮盖会对地表的径流产生显著的效果，它可以减缓水流速度，使水停留在地面上的时间更长。地表径流受到各种因素的影响，如植被的种类、疏密程度、生长时长以及季节性变化等。

6. 场地面积

场地面积与渗滤液产生情况息息相关。例如，中型垃圾填埋场的面积一般在 10～30hm^2 之间，因为中型垃圾填埋场只能处理中量垃圾，所以面积不宜过大，其中必须包括垃圾搜集点、垃圾处理设施、环境保护部门的监测点等相关设施，以满足环保要求。

7. 植被覆盖情况

用绿色植被覆盖垃圾填埋场能够加快垃圾的分解，而且可以净化一部分垃圾所带来的污染，降低渗滤液的产生率。这是最直接也是对管理最有效的一种方法，所以很多的垃圾覆盖场在封场以后都会被改造成一个公园，这样既不会浪费土地资源，又可以对其进行植被覆盖。

4.1.2 渗滤液水质特征

1. 水质变化规律

垃圾渗透液的水质会受到多种因素的影响，这些因素包括垃圾成分的多少、垃圾中的水分含量、储存时的环境温度、垃圾填埋的时间长短、填埋方式的不同、采取的处理方法，以及雨水渗入垃圾的程度等。降水量和填埋时间是对渗滤液水质产生显著影响的两个要素。填埋场垃圾渗滤液的水质主要具有以下几方面的特点：

1）有机污染物浓度高，水质复杂，污染物种类繁多。垃圾渗滤液中有机物含量极高，化学需氧量（COD）和生化需氧量（BOD）浓度甚至可以达到每升几万毫克，是生活污水污染物含量的几十倍甚至上百倍。高浓度的垃圾渗滤液主要是在酸性发酵阶段产生，pH 值略低于 7，低分子脂肪酸的 COD 占总量的 80%以上，BOD_5（5d 化学需氧量）与 COD 比值为 0.5～0.6，随着填埋场填埋年限的增加，BOD_5与 COD 比值将逐渐降低。

垃圾渗滤液中污染物种类极其复杂，其中包括许多无法分解的有机化合物，这些有机化合物主要由各种复杂的酞胺类化合物、多环芳杂环化合物、羧酸乙酸类化合物以及酮醛类化合物等构成。在垃圾渗滤液中，存在一种大型化合物由小分子有机酸和氨基酸的结合形成。这个化合物被称为腐殖酸，是渗滤液中长期存在的主要有机污染物。通常情况下，有 200～1500mg/L 的腐殖酸不能生物降解。

2）氨氮含量高。该特点在中期、老龄填埋场渗滤液尤为突出。高氨氮浓度是城市垃圾渗滤液处理工程的重要水质特征之一，占总氮（TN）的 85%～90%。由于大部分填埋场为厌氧填埋，堆体内的厌氧环境造成渗滤液中氨氮浓度极高，并且随着填埋年限的增加而不断升高，有时可高达 1000～3000mg/L。在采用生物处理系统时，需要较长的停留时间，以避免氨氮或其氧化衍生物对微生物的毒害作用。

3）磷含量普遍低，尤其是溶解性的磷酸盐含量更低。一般的垃圾渗滤液中 BOD_5与总磷（TP）比值大多大于 300，这与微生物生长所需的磷元素相差较大，因此在污水处理中需要补充磷元素。另外，老龄填埋场的渗滤液的 BOD_5与氨氮比值经常小于 1，在使用生物法处理时，需要补充碳源。

4）金属离子的浓度受到垃圾成分和填埋时间的直接影响，在渗滤液中存在多种金属离子，如 130mg/L 的锌离子浓度，4300mg/L 的钙离子浓度，12.3mg/L 的铅离子浓度以及高达 2050mg/L 的铁离子浓度。

5）在最初的一段时间里（0.5～2.5 年），可溶性固体的浓度持续上升，直到达到峰值，然后随着时间的推移逐渐下降，最终保持在一个稳定的水平上。

6）色度高。渗滤液一般为黑褐色、黏稠状的液体，具有较浓的腐败臭味。

7）水质随时间变化较大。在同一年内，不同季节的水质差别很大，浓度变幅可高达几倍。随着填埋年限的增加，水质特征也发生变化，如渗滤液的 pH 值、碳氮比和可生化性随着填埋年限的增加而降低。在填埋初期，氨氮浓度较低，可以通过生物脱氮去除。然而，随着填埋年限的增加，氨氮浓度不断上升，COD 逐渐下降，最好采用物化法处理。不同填埋年限的垃圾渗滤液水质参数如表 4-1 所示。

表 4-1　不同填埋年限的垃圾渗滤液水质参数

相关参数	初期垃圾渗滤液	中期垃圾渗滤液	老龄垃圾渗滤液
填埋年限（a）	<5	5～10	>10
COD（mg/L）	>10000	4000～10000	<4000
pH 值	<6.5	6.5～7.5	>7.5
氨氮（mg/L）	200～2000	500～3000	1000～3000
BOD_5/COD	>0.3	0.1～0.3	<0.1
有机成分	挥发性脂肪酸	挥发性脂肪酸、腐殖酸、黄腐酸	腐殖酸、黄腐酸
生物降解能力	高	中等	低
重金属含量	中低	低	低

2. 渗滤液性质影响因素

垃圾渗滤液的水质特征与多种要素息息相关，受气象变化以及水文环境等条件控制，此外，填埋方法和防渗措施对水质特性具有关键影响。同时，填埋场的固体废物种类和比例，如建筑废物以及工业废物等，还会造成渗滤液水质在一定程度上产生变化。例如填埋场的使用寿命、垃圾的压缩程度，以及垃圾渗滤液的采集与排放方式等因素，同样会对水质特性起到决定性的作用。综上所述，影响垃圾渗滤液性质的主要因素如下：

1）废物组成

从垃圾渗滤液的产生明显看出，COD_{Cr}和BOD_5主要来自厨余垃圾中的有机质，垃圾中厨余含量的高低直接影响渗滤液中COD_{Cr}和BOD_5浓度的高低；氨氮来源于垃圾中的有机质及其降解，垃圾有机质成分及含量直接影响氨氮浓度的高低，垃圾渗滤液中重金属直接来源于垃圾中失活垃圾或部分工业垃圾。因此，垃圾渗滤液水质受垃圾成分的影响很大。

2）气候及水文地质条件

在季节性降雨的影响下，渗滤液水质波动较大，难以确定变化规律。一般来说，每年5—9月渗滤液的含水量很高（有些城市会提前或延迟），不会超过7月和8月。这个时期被称为雨季。天气转冷后，垃圾渗滤液的产量将逐渐减少，然后进入旱季。这种情况的发生主要与不同季节人们的生活习性，微生物在不同温度下的生化作用和发酵时间的长短有关。

3）填埋时间

垃圾的填埋过程可被分为不同的阶段。在调整期，填埋初期垃圾的水分逐渐积累，仍有氧气存在，同时厌氧发酵和微生物的作用相对较弱。因此，渗滤液的水量相对较少。在过渡阶段，垃圾和渗滤液中的微生物由好氧性转变为兼氧性和厌氧性，并且水分达到了完全饱和的状态。在这一时刻，渗滤液开始生成，并且能够探测到挥发性有机酸的存在。在产生酸性条件时，渗滤液的主要成分是挥发性有机酸，导致pH值减小，COD_{Cr}浓度非常显著，BOD_5/COD_{Cr}比值为0.4～0.6，具有出色的可生化性，此时渗滤液呈现深色，属于渗滤液的早期阶段。在成熟阶段，原料的数量减少，细菌的稳定性下降，气体的产生停止，整个系统逐渐从无氧状态转向有氧状态，从而促进了自然环境的恢复。

4）填埋方式

垃圾填埋处理是一个多阶段的循环过程，涉及填充、覆土和压实垃圾等步骤。填埋场的各个区域存在着独特的生化条件。随着填埋场使用年限的延长，渗滤液的水质也会发生多样的变化。根据垃圾填埋地的不同时期，废物渗滤液可被划分为两个类别：第一类是填埋时间不到5年的渗滤液，称为年轻渗滤液；第二类是填埋时间超过5年的渗滤液，称为年老渗滤液。年轻渗滤液的pH值较小，BOD_5和COD_{Cr}浓度较为显著，以及具有良好的生化性。年老渗滤液的pH值呈中性，氨氮浓度高，BOD_5和COD_{Cr}浓度偏低，BOD_5/COD_{Cr}比值低于平均水平，可生化性较差。

4.1.3 渗滤液水质测试方法

1. 重铬酸钾法

对于工业废水，我国规定用重铬酸钾法测定化学需氧量（COD）。渗滤液的COD受参加反应的氧化剂品种及浓度，反应溶液的酸度、反应温度和时间，以及催化剂的有无的影响，因而化学需氧量是一个条件性目标，必须严格按操作过程进行。在强酸性溶液中，使用定量的重铬酸钾氧化水样中的还原性物质。过量的重铬酸钾用作指示剂，使用硫酸亚铁铵溶液进行回滴。根据使用的量来计算水样中还原性物质消耗的氧量。

酸性重铬酸钾具有强氧化性，可以氧化大多数有机物。当与硫酸银一起使用时，直链脂肪族化合物可以完全被氧化，而芳香族有机物不容易被氧化，吡啶则不会被氧化。挥发性直链脂肪族化合物和苯等有机物存在于蒸汽相中，无法与氧化剂液体接触，因此氧化程度不明显。氯离子可以被重铬酸盐氧化，并与硫酸银产生沉淀反应，影响测定结果。因此，在回流之前需要添加硫酸汞到水样中，以形成络合物来消除干扰。如果氯离子含量高于2000mg/L，样品应先进行定量稀释，使含量降至2000mg/L以下，然后进行测定。其中，用0.25mol/L的重铬酸钾溶液可测定大于50mg/L的COD值，用0.025mol/L的重铬酸钾可测定5～50mg/L的COD值，但精确度较差。

2. 纳氏试剂分光光度法

纳氏试剂分光光度法是一种测定氨氮的常用分析方法，以简便、准确和快速的特点，被广泛应用于水质检测中。纳氏试剂分光光度法的原理是：将样品中的氨氮与硝酸铵反应，形成一种叫作硝苯脲的深蓝色沉淀，其吸光度与氨氮的浓度成正比，通过测量沉淀液的吸光度，可以确定待测渗滤液样品中的氨氮含量。

纳氏试剂分光光度法测定垃圾渗滤液中氨氮含量的步骤主要有：首先在渗滤液样品加入硝酸铵溶液，然后加入纳氏试剂，搅拌均匀，使样品中的氨氮与硝酸铵反应，形成硝苯脲沉淀，最后用分光光度计测定沉淀液的吸光度，从而计算出渗滤液中氨氮的浓度。

3. 钼酸铵分光光度法

钼酸铵分光光度法为用过硫酸钾（或硝酸-高氯酸）作为氧化剂，将未经过滤的水样消解，用钼酸铵分光光度测定总磷的方法。总磷包括溶解态、颗粒态、有机态和无机态磷。该方法适用于地面水、污水和工业废水的检测。在中性条件下，使用过硫酸钾（或硝酸-高氯酸）对样品进行消解，将所有磷氧化为正磷酸盐。在酸性介质中，正磷酸盐与铵钼酸反应，在锑盐存在下生成磷钼杂多酸，然后立即被抗坏血酸还原，形成蓝色络合物。

4. 玻璃电极法

pH值是渗滤液水质的重要指标，在检测过程中，有很多因素会影响检测结果的准确性。pH值是溶液中氢离子活度的一种标度，也就是通常意义上溶液酸碱程度的衡量标准。pH值指的是溶液氢离子活度倒数的对数值，pH值越接近0表示溶液酸性越强，反之越接近于14则表示溶液碱性越强。在常温下，pH=7的溶液被称为中性溶液。

玻璃电极法准确度高，操作简便，是测量渗滤液pH值最常用的方法。其原理是以饱和甘汞电极为参比电极，以玻璃电极为指示电极，与被测渗滤液水样组成工作电池，用pH计测量其工作电动势，并直接在pH计上读取pH值。

5. 原子吸收分光光度法

渗滤液中Pb、Cd的测定方法主要使用原子吸收分光光度法。原子吸收分光光度法主要工具是原子分光光度计。原子分光光度计的工作原理基于原子的吸收光谱。当原子被加热或电离时，它们会处于激发态，这时它们会吸收特定波长的光线。这些波长是与原子的电子能级有关的，因此每个元素都有其独特的吸收光谱。原子分光光度计利用这个原理来测量样品中元素的浓度。原子分光光度计具有高灵敏度和选择性，可以检测到非常低浓度的元素，并且可以区分不同元素之间的吸收光谱，因此其在环境、食品、药品和化学工业等领域中得到广泛应用。

综上所述，垃圾渗滤液中主要污染物的检测指标及其检测方法如表4-2所示。

表4-2 垃圾渗滤液中主要污染物的检测指标及其检测方法

检测指标	检测方法	国标/行标号
COD	重铬酸钾法	HJ 828—2017
NH_4^+-N	纳氏试剂分光光度法	HJ 535—2009
TP	钼酸铵分光光度法	GB 11893—1989
pH值	玻璃电极法	GB 6920—1986
Pb、Cd	原子吸收分光光度法	GB 11905—1989

4.1.4 渗滤液产量估算方法

目前，填埋渗滤液产量估算主要有水量平衡法、经验统计法、经验公式法和模型法4种。

1. 水量平衡法

水量平衡是地球上生物生存和发展的基本原则。它是指地球上的水量不断变化，但总量保持不变。在水量平衡的原理中，水的变化是一个有序的过程，它在自然界形成了一个完整的循环，即水的循环。水从大气界进入地球表面，经过径流、渗流和地下循环，最后又回到大气界，形成一个水量完整的循环。

水量平衡的原理可以解释水的循环，也可以解释地球上水的总量保持不变的原因。在水量平衡的原理中，水在大气界形成了一个完整的物质循环，控制着地表水量的变化，保持着水的总量不变，这就是水量平衡原理所体现出来的，它使大气中的水量能够在地表循环，实现流动的平衡。

根据填埋场水量平衡状况所得渗滤液量计算式见式（4-1）：

$$L=P(1-R)-E-\Delta S \tag{4-1}$$

式中 L——垃圾渗滤液产量（m^3/d）；

P——填埋场区域的降水量（mm/d）；

R——地表径流系数；

E——地表及植物蒸发水量（mm）；

ΔS——垃圾层及覆土层的饱和持水量的变化量（mm）。

2. 经验统计法

经验统计法即根据已建填埋场单位面积渗滤液产量的统计结果，推算设计填埋场的渗滤液产量。我国拥有长期监测数据的填埋场数量较少，且各地填埋操作方式和气候条件等差异较大，限制了该方法的应用范围。

3. 经验公式法

在国内，垃圾渗滤液的估算方法以经验公式法为主。最大渗透液产生量的计算用经验公式法（浸出系数法），见式（4-2）：

$$Q=1000^{-1}\times C\times I\times A \tag{4-2}$$

式中 Q——渗滤液产生量（m^3/d）；

I——年平均日降雨量（mm/d）；

A——填埋场面积（m^2）；

C——渗出系数（一般取0.5～0.8），取0.6。

另外，经验公式法实质为简化水量平衡法的经验化公式，其同样无法考虑垃圾自身含水量和持水率的影响，对我国高含水率垃圾，计算误差大。

4. 模型法

不同填埋场的垃圾种类、密度、含水量等都存在较大差异，渗滤液的产量也不尽相同。就目前而言，国外有多种估算渗滤液水量的模型，如FILL模型、DMLRM模型、SMLRM模型、HELP模型等。FILL模型的主要原理是将填埋场分为非饱和区与饱和区。与此同时，将填埋场坡度、粗糙度因素考虑在内。在分析垃圾堆体水位改变的基础之上，建立非稳态模型。基于此，通过该模型来对渗滤液的改变情况进行预测。DMLRM模型和SMLRM模型的主要原理是将填埋场分为三个区域，分别为内部区域、上部1.2m区域和表层区域。基于此，对水量平衡模型进行构建。HELP模型的主要原理是在气候、土壤和设计数据的基础之上来构建填埋场的水量平衡模型。

以上几种方法能够对生活垃圾渗滤液的产量进行一些估算，而且应用较为广泛。使用HELP模型，可以得到典型城市气候特征下的渗出系数。基于此，可以得到生活垃圾填埋场渗滤液的估算公式。另外，基于全年降雨量和渗滤液产生量的实测数据，可以使用线性回归对经验公式法的模型参数进行确定。然后，将预测值和实测值进行比较，从而使渗滤液产量被确定。应用HELP模型，可以计算得到典型城市气候特征下的渗出系数。然后，基于此系数，得到生活垃圾填埋场渗滤液的估算公式。

4.2 渗滤液控制设施情况

1. 渗滤液防渗系统

防渗系统是利用天然的或人工防渗材料铺设覆盖整个填埋库区形成防止垃圾渗滤液渗透到地下的系统。天然防渗材料主要为黏土，人工防渗材料主要有高密度聚乙烯（HDPE）土工膜（主防渗材料）以及钠基膨润土垫（辅助材料）。

天然防渗方式主要对场地的土壤、水文地质条件要求较高，场地所在地区一般年自然蒸发量要超过年降水量50cm，黏土铺设厚度大于2m，填埋场地为可溶性场地，具有不透水或低透水的黏土层（渗透率$<10^{-7}$cm/s），场地土壤、水位地质具有能可靠地将渗滤液截留在垃圾中以免扩散的条件，这种情况适宜采用天然防渗方式；人工防渗按防渗处理类型可分为水平防渗和垂直防渗两种方式，水平防渗是指防渗层水平方向布置，防止垃圾渗滤液向下渗透污染地下水；垂直防渗是指防渗层竖向布置，防止垃圾渗滤液向四周横向渗透污染地下水。垂直防渗方式适用于具有独立的水文地质单元，且场底不透水层较浅的填埋场，具有适用范围广、防渗效果好等特点。作业过程中，将暂时不作业部分及时进行临时覆盖，把作业面控制到最小，使垃圾做到及时有效的覆盖，既减少降水入渗量，又可以避免漂浮物飞散。

2. 渗滤液集排水系统

填埋场渗滤液收集系统的首要职责是将渗滤液聚集起来，使其经过一个调节池，输送到渗出液处理系统进行处理，并向垃圾堆体提供氧气，以促进污泥的稳定化。填埋场的集排水设施是通过渗滤液的排水管、集水池等将渗滤液迅速地导向相应的处理设施，这个附加构筑物是为了预防泄漏而设计的。在进行安装时，需综合考虑以下几个要素：①为了确保渗透液能够顺利流向收集水池，必须维持合适的坡度；②为了应对多雨和暴雨季节雨水的排放需求，渗透液集水系统的容量必须足够充裕；③在泵或竖管损坏的情况下，需要备有备用的渗透液引出设备。

通常，填埋场的集排水系统建设的成功与否主要取决于三方面：①系统防止堵塞的能力；②排水位置的正确与否；③所采用的材料能否承受得住填埋场的环境和渗透水。在规划集排水系统时，重要工作是对场地水文地质的全面调查，这包括地下水位轮廓波动的数据、所有有关的地层顺序、周围地层的地球物理学、地下水的运动和流向的资料等。根据以上资料对渗透水量做精确估计后，确定集排水沟的尺寸、类型、数量和位置。

3. 渗滤液处理系统

渗滤液在排入自然环境前必须经过严格处理，满足废水排放标准后方可排放。填埋场内必须自设渗滤液处理设施，严禁将填埋场渗滤液中的危险废物送至其他污水处理厂处理。应根据各地危险废物不同种类，设置相应的渗滤液调节池调节水质水量。渗滤液处理前应进行预处理，预处理应包括水质水量的调整、机械过滤和沉砂等。

渗滤液处理应以物理、化学方法处理为主，生物处理方法为辅。可根据不同填埋场的不同特性确定适用的处理方法。其中，物理化学方法可采用絮凝沉淀、化学沉淀、砂滤、吸附、氧化还原、反渗透和超滤等，以去除水中的无机物质和难以生物降解的有机物质。生物处理法可采用活性污泥、接触氧化、生物滤池、生物转盘和厌氧生物等处理方式去除水中的有机物质。

4.3 垃圾渗滤液处理工艺

处理垃圾渗滤液的技术较多，目前应用最广泛的有生物处理方法、物化处理方法和土地处理方法等。其中生物处理方法可分为好氧、厌氧以及两者结合的处理方法，如活性污泥法、氧化沟、生物转盘、厌氧塘、厌氧污泥床等；物化处理方法可分为活性炭吸附、混凝沉淀、高级氧化等；土地处理方法主要有回灌、人工湿地和蒸发处理等。垃圾渗滤液处理技术分类见图 4-1。

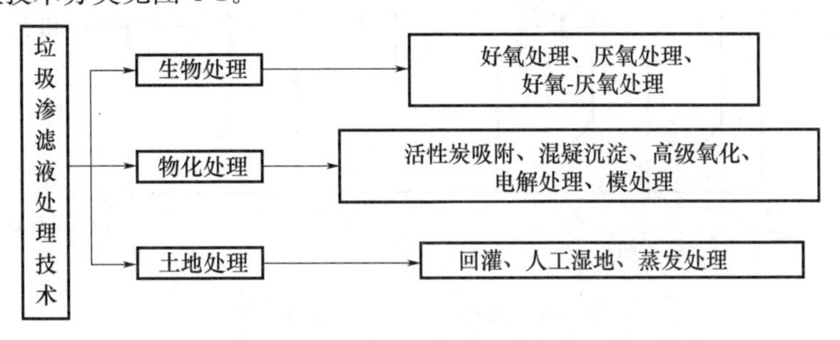

图 4-1 垃圾渗滤液处理技术分类

4.3.1 渗滤液生物处理技术

1. 厌氧生物处理

厌氧生物处理技术在高浓度渗滤液方面具有良好的效果。在厌氧条件下，微生物一方面可以有效降解渗滤液中的有机物，另一方面分解产生的多种气体可以作为燃料使用。常用于垃圾渗滤液处理的厌氧工艺包括升流式厌氧污泥床（UASB）、厌氧序批式反应器（ASBR）和厌氧生物滤池（AF）等。

1）升流式厌氧污泥床（UASB）

UASB全称是升流式厌氧污泥床（图4-2），是一种处理污水中厌氧生物的设备。目前，在工业污水处理领域，UASB已经成为一种主流设备在全球范围内广泛应用。UASB集生物反应器与沉淀池于一体，是一种结构紧凑的厌氧反应器，主要组成部分包括进水配水系统、反应区、出水系统、气室、浮渣收集系统和排泥系统等。

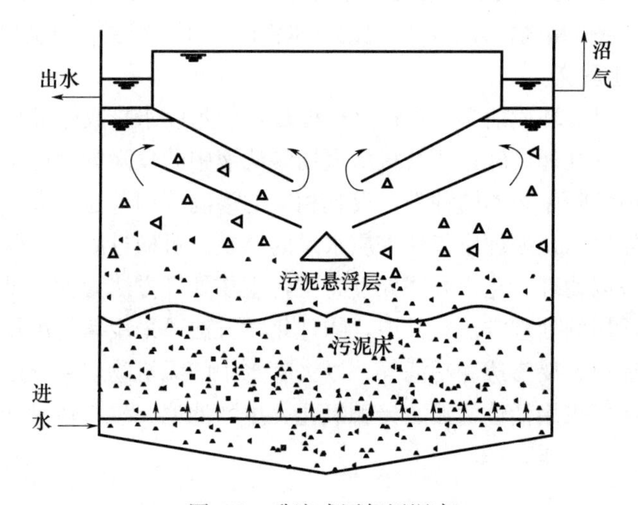

图4-2　升流式厌氧污泥床

2）厌氧序批式反应器（ASBR）

厌氧序批式反应器的操作过程包括进水、反应、沉淀和排水四个阶段。图4-3展示了厌氧序批式反应器的结构。还可以设置空转阶段，即从本周期出水结束到下一周期进水开始进行质检的时间间隔，具体取舍可根据水质和处理要求而定。

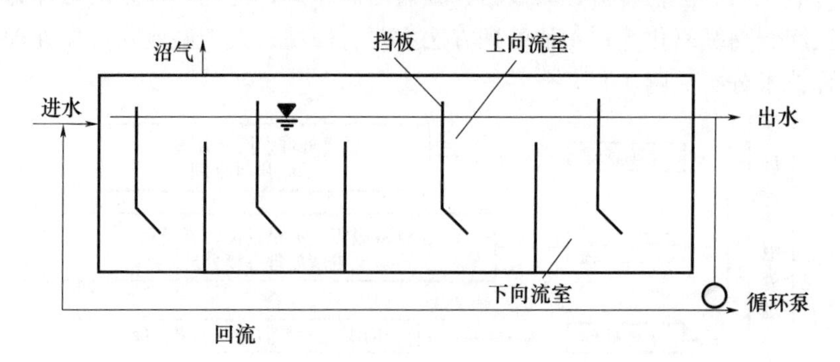

图4-3　厌氧序批式反应器的结构

ASBR 同其他厌氧反应器相比有如下特点：

（1）ASBR 具备制造恒定尺寸污泥颗粒的能力。相对于 UASB 和 AF，ASBR 无须在反应器底部安装昂贵而复杂的供水系统。

（2）ASBR 的动力学特性非常出色，呈现出食料和生物量比例方面的循环波动。这种变化保证反应阶段的高去除率，并且确保沉淀阶段具有极佳的沉淀效果。

（3）ASBR 适用于较大温度范围（5～65℃），可以在低温和常温条件下处理各种浓度以及特种有机废水。

3）厌氧生物滤池（AF）

厌氧生物滤池主要包括布水系统、填料区（反应区）、沼气收集系统和出水管。厌氧生物滤池反应器如图 4-4 所示。此外，有的厌氧生物滤池具有回流系统。填料是厌氧生物滤池主体的主要作用，可提供微生物附着生长的表面及悬浮生长的空间。

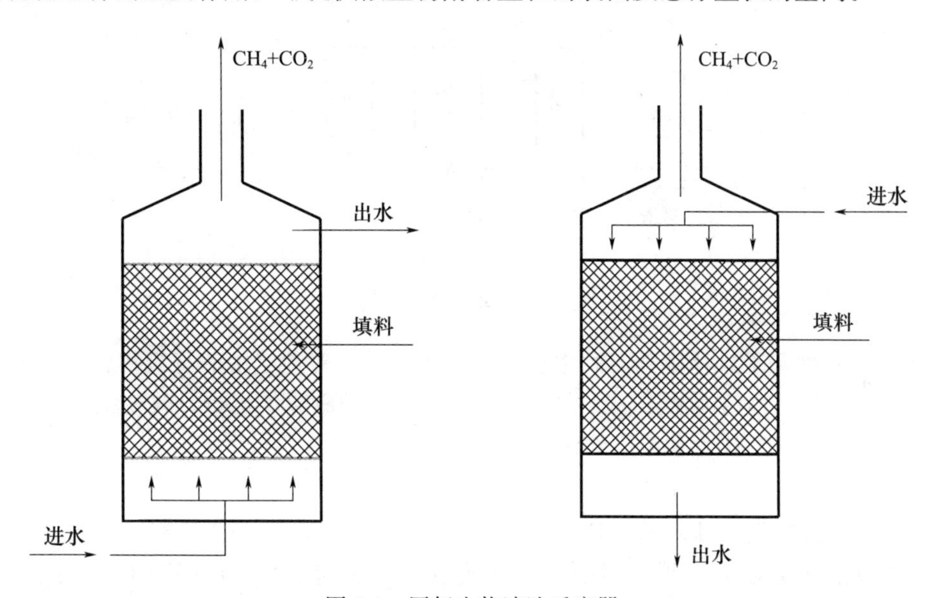

图 4-4　厌氧生物滤池反应器

厌氧生物滤池的构造与一般的生物滤池相似，内部设有填料，但顶部密封。废水从池底进入，从池顶排出。填料被水浸泡，微生物附着在填料上生长。滤池中的微生物数量较多，平均停留时间可达 150d 左右，因此可以实现较高的处理效果。滤池的填料可以使用碎石、卵石或塑料等材料，平均粒径在 40mm 左右。

厌氧处理工艺在低温下处理效果会急剧恶化，同时厌氧微生物对 pH 值比较敏感，使用条件较为严格。一般单独设置的厌氧处理装置出水的 COD 和氨氮浓度仍然比较高，无法达到排放标准，因此，厌氧工艺往往作为好氧处理技术的预处理过程。在好氧技术前端设置厌氧工艺可以大幅度降低垃圾渗滤液中的有机物浓度和氨氮浓度，为后期好氧工艺的进行节约了碳源和曝气量，是经济合理的方式。

2. 好氧生物处理

微生物在好氧条件下的新陈代谢会消耗垃圾渗滤液中的有机物，从而实现污染物的降解并合成自身的细胞物质。相比于厌氧处理工艺，好氧处理技术具有运行维护方便、受冲击负荷能力强、异味较少、好氧微生物培养驯化周期短和反应器启动较快等优点；

同时好氧处理技术耐低温能力较厌氧处理工艺高，可在较低的水温下运行。常用的好氧处理工艺包括序列间歇式活性污泥法（SBR）、膜生物反应器（MBR）、曝气生物滤池（BAF）和氧化塘等。

1）序列间歇式活性污泥法（SBR）

序列间歇式活性污泥法（Sequencing Batch Reactor Activated Sludge Process）简称SBR工艺。SBR工艺是一种比较成熟的污水处理工艺。常见的工艺过程分五个阶段：进水、曝气反应、沉淀（沉降）、滗水（出水）、闲置（静置或称待机）。SBR法工艺过程如图4-5所示。

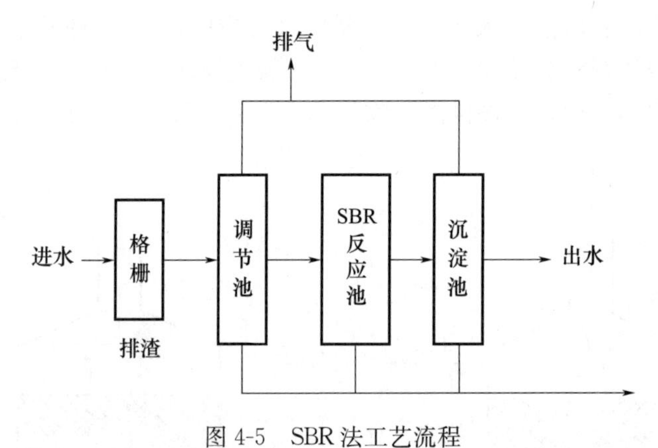

图4-5　SBR法工艺流程

SBR是一种基于悬浮生长的微生物，在好氧条件下对污水中的有机物、氨、氮等污染物进行降解的活性污泥法工艺。它通过按时序进行间歇曝气运行，改变活性污泥的生长环境，是全球广泛认可和采用的污水处理技术。

2）膜生物反应器（MBR）

膜生物反应器是一种高效的废水处理技术，巧妙地结合了膜隔离和生物处理的优点，以解决富含氮的废水问题。该技术通过引入两个关键的反应过程即硝化作用和反硝化作用，来达到处理废水的目的。硝化作用是指将氨氮转化为硝态氮的过程，主要依靠亚硝化细菌和硝化细菌这两类好氧自养菌完成。

膜生物反应器（MBR）将膜分离单元与生物处理单元相结合。借助在生物反应器中使用膜组件来保持高活性污泥浓度并减少污水处理设施的占地面积，同时通过保持低污泥负荷来减少污泥产量。与传统的生化水处理技术相比，MBR具有以下主要特点：高处理效率、优质出水；设备紧凑、占地面积小；易于实现自动控制、运行管理简单。自20世纪80年代以来，MBR技术越来越受到重视，成为研究的热点之一。目前，MBR技术已经在美国、德国、法国、埃及等10多个国家得到应用，其规模从6～13000m^3/d不等。

MBR技术的研究始于20世纪60年代的美国。当时，由于膜生产技术的限制，膜的使用寿命较短，水通透量较小，这使MBR在实际应用中遇到了困难。20世纪70年代后期，日本根据本国土地狭小、地价高的特点，大力开发和研究MBR在废水处理中的应用，使MBR开始走向实际应用。20世纪80年代以后，MBR工艺在日本等国得到了广泛应用。一家日本公司对MBR工艺的污水处理效果进行了全面研究，结果表明活性污泥-平板膜组合工艺不仅可以高效去除有机物，而且出水中不含细菌，可直接作为再利用水。

3）曝气生物滤池（BAF）

曝气生物滤池（Biological Aerated Filter）具有去除 SS（固体悬浮物）、硝化、脱氮、除磷、除 AOX（有害物质）等作用。曝气生物滤池是集生物氧化和截留悬浮固体一体的新工艺。

根据曝气生物滤池的研究和应用情况，该技术未来的研究方向主要集中在以下几个方面：生物膜的特点及其快速启动的方式；生物氧化功能和过滤功能之间的相互关系；在反冲洗过程中生物膜的脱落规律；进一步拓宽曝气生物滤池的应用范围，研究如何将其与其他工艺结合起来，以解决水深度处理、微污染源水处理、难降解有机物处理、低温污水硝化、低温微污染水处理等问题；对曝气生物滤池中核心介质滤料的研究也将扩大该工艺的应用范围。

4）氧化塘

氧化塘（又称稳定塘或生物塘）是一种利用天然净化能力对污水进行处理的构筑物。其净化过程类似自然水体的自净过程。通常通过适当的土地修整，建造池塘并设置围堤和防渗层，利用塘内生长的微生物处理污水。氧化塘污水处理系统具有基建投资和运营费用低、维护和维修简单、操作方便、能有效去除有机物和病原体、无须污泥处理等优点。氧化塘进水口布置见图 4-6。

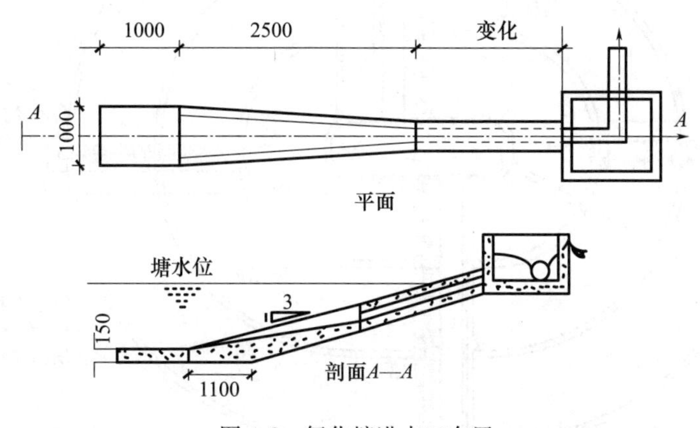

图 4-6 氧化塘进水口布置

在我国特别干旱的地区，生物氧化塘是实施污水的资源化利用的有效方法。但是，渗滤液好氧处理工艺存在局限性。首先，好氧处理工艺主要是利用微生物进行有机物降解，而微生物生长和代谢对营养物的种类及其比例的要求比较严格，比如 C∶N∶P 一般在 100∶5∶1 时去除效果较高。垃圾渗滤液虽然有机物和氨氮的比例较高，但是极度缺乏磷源，这对微生物的正常增殖是不利的，因此在实际运行过程中需要外加磷酸盐补充磷元素；渗滤液特别是老龄垃圾填埋场渗滤液的 C/N 严重失衡，因此对于生物处理工艺而言往往表现为碳源的缺乏。其次，渗滤液中的有毒有害物质众多，这些物质都会不同程度抑制好氧处理工艺中的微生物从而降低处理效果；此外，好氧处理工艺需要曝气、搅拌甚至外加碳源等，进一步增加了处理成本，同时过高的氨氮在有氧条件下容易产生泡沫，造成污泥上浮等问题，需要采取除泡沫措施；而过高的氨氮浓度可能抑制硝化作用，导致出水氨氮浓度较高。最后，由于垃圾渗滤液中有机物浓度很高，同时掺杂大量的无机物，导致好氧生物处理的污泥量很大。

3. 厌氧-好氧结合生物处理

厌氧-好氧结合生物处理是一种有效处理高浓度有机废水的方法。虽然单独使用厌氧或好氧处理法无法达到排放标准，但将两者结合起来可以获得理想的除污效果，并大幅降低投资成本。对于高浓度垃圾渗滤液，采用厌氧-好氧处理工艺既经济合理又高效。常见的两种以厌氧-好氧结合生物处理为主的垃圾渗滤液处理工艺技术路线如下：

1）UASB-氧化沟-氧化塘工艺

该技术路线采用升流式厌氧污泥床-奥贝尔氧化沟-氧化塘相结合的工艺流程。垃圾渗滤液首先集中到贮存库，然后依次通过自流、格栅和计量槽等设施进入配水池。之后，污水经过升流式厌氧污泥床进行厌氧处理，随后进入沉淀池进行固液分离，上清液则流入奥贝尔氧化沟进行好氧生化处理。典型奥贝尔氧化沟工艺结构见图 4-7。

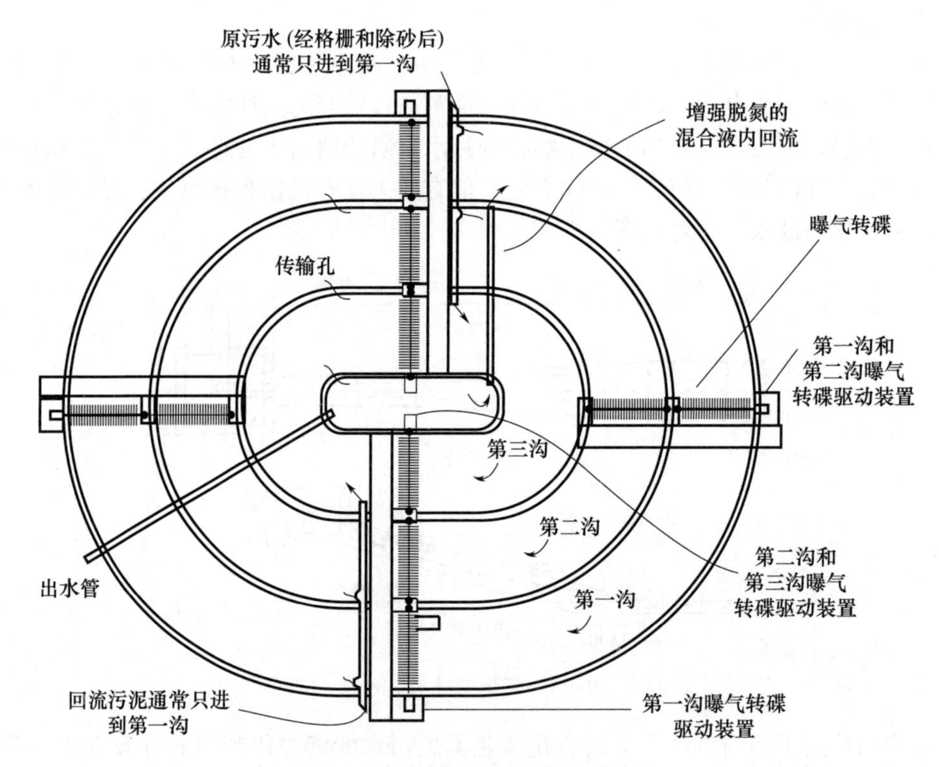

图 4-7　典型奥贝尔氧化沟工艺结构

经过奥贝尔氧化沟好氧生化后，废水得到有效处理。该工艺采用了先进的三段式 A/O 工艺，在去除废水中的氮元素方面表现出卓越的效果。首先，在第一段处理过程中，不仅能够对氨氮进行硝化作用，同时能利用 BOD 作为碳源对硝酸盐进行反硝化，从而实现了总氮去除率高达 80%的效果。通过利用废水内的有机物质作为碳源，成功去除了废水中的 BOD_5，从而显著减少了污水中的需氧量。为了提高氧化沟对氮的去除效率，将第三沟的出水回流至第一沟进行反硝化。处理后的污水再次进入二沉池进行固液分离，澄清水流入氧化塘进行生物处理。在自然重力的驱动下，多余的污泥会被送往浓缩池，而经过净化的液体则会重新引入氧化沟进行进一步处理。经过浓缩的污泥可以通过车辆运输至垃圾填埋场，或者进行堆肥处置。

2）厌氧-氨吹脱-混凝沉淀-好氧处理工艺

该工艺在操作过程中，首要任务是将渗透液导向至兼氧调节池。该池旨在通过调整液体水量和水质，打造一个通氧环境，在此背景下进行生物化学反应，其目标是分解并清除一部分污染物质。然后，通过潜污泵将经过处理的液体输送到 UASB 中，有机物质被分解产生 CH_4，有效地减小了污染物的浓度。经过氧化还原处理后的排水进入曝气吹脱池，通过调整 pH 值来剥离氨氮，以降低高浓度氨氮对好氧微生物处理的影响。吹脱出水与混凝剂混合絮凝，然后通过斜板分离器去除悬浮物和重金属离子。随后，将经过混凝处理的水排入奥贝尔氧化沟，进一步去除有机物和氨氮成分，通过再次进行沉淀处理，出水将达到所需的处理标准。将混凝沉淀池中的固体沉淀物转移到污泥浓缩池以进行浓缩，以达到减小体积的效果。随后，将厌氧反应器和二沉池产生的剩余污泥输送回兼氧调节池进行处理，在兼氧调节池中，通过使用新型搅拌混合设备来实现兼氧处理的目标。厌氧-氨吹脱-混凝沉淀-好氧处理工艺流程如图 4-8 所示。

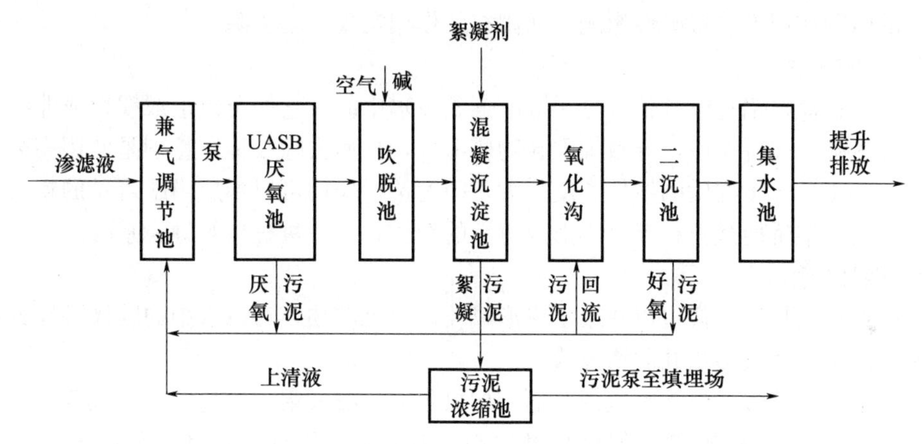

图 4-8　厌氧-氨吹脱-混凝沉淀-好氧处理工艺流程

4.3.2　渗滤液物化处理技术

垃圾渗滤液处理中常用的理化处理方法包括化学混凝、化学沉淀、化学氧化、吹脱、吸附和微波等。与生物处理方法相比，理化处理方法具有一定的优势和局限性。理化处理方法对水质和水量要求较低，出水稳定性较高，且受环境条件影响较小。然而，这些方法通常成本较高，并且不同的理化处理方法之间存在差异，需要根据实际情况综合选择。因此，理化处理方法通常用于垃圾渗滤液的预处理或深度处理工艺。

1. 化学混凝

化学混凝是一种用于去除废水中难以沉淀的微小悬浮颗粒和胶体的方法。它通过使这些颗粒相互聚合、生长，然后沉淀去除，可以有效去除垃圾渗滤液中的大分子有机物，对于熟龄、稳定的垃圾渗滤液具有良好的处理效果。然而，化学混凝的效果受到许多因素的影响，例如水中杂质的组成与浓度、水温、pH 值、碱度以及混凝剂的种类和投加量等。混凝沉淀的去除机理主要涉及以下四个方面：

1）压缩双电层理论

胶粒具有一定的 ζ 电位，使其能够在溶液中保持稳定的分散悬浮状态。然而，当添加混凝剂后，释放出的大量的正离子会进入胶体的扩散层/吸附层，这些正电荷会中和胶体固有的负电荷，导致扩散层厚度减小，ζ电位降低甚至消失。因此胶体颗粒产生脱稳现象，相互碰撞和团聚。最后当胶体的扩散层消失时，ζ电位也完全消失，胶体之间不再维持相互排斥的作用，聚集作用变得显著。

压缩双电层原理是胶体凝聚的重要理论之一。然而，在实际工程应用中，由于混凝剂过量投加，水中失稳的胶体可能重新稳定，从而降低混凝沉淀效果。此外，有时候胶体的ζ电位在混凝效果最好时常大于零，并非理论上ζ电位为零的状态。

2）吸附电中和理论

由于压缩双电层理论无法解释上述现象，研究者提出了吸附电中和理论。当使用铁盐或铝盐作为混凝剂时，这些高价态金属离子会发生水解反应并以水解聚合物的形式存在于废水中。这些聚合物的形态受 pH 值影响而变化。它们通过氢键、范德华力或共价键与胶体发生吸附作用，从而去除水中的胶体颗粒。因此，吸附电中和理论认为混凝剂对胶体的吸附作用不受带电性影响，而由空位作用实现吸附去除。

3）吸附架桥理论

当投加铁盐、铝盐或其他高分子混凝剂到废水中时，它们可以形成线性或非线性结构，并发生吸附架桥作用，导致大颗粒物质形成，从而去除胶体。特别是使用高分子混凝剂时，由于高分子物质的线性长度较大，吸附架桥作用可以形成肉眼可见的粗大絮凝体。这种吸附架桥使微粒相互聚集形成更大的絮体，这一过程也被称为絮凝。

4）网捕作用

混凝剂如铝盐或铁盐可以在废水中形成胶体或沉淀物，对废水中的胶体颗粒具有集卷和网捕效果，使其黏结并脱稳去除。

混凝剂种类繁多，包括无机混凝剂（如氯化铝、硫酸铝、氯化铁、硫酸亚铁、硫酸铁等）、无机高分子混凝剂（如聚合氯化铝、聚合氯化铝铁等）和有机高分子混凝剂（如聚丙烯酰胺、阳离子聚丙烯酰胺等）。这些混凝剂在水处理中都得到了广泛的应用，混凝剂的类型、投加量、pH 值、温度、反应时间等与处理效果的关系也得到了广泛的理论研究与工程实践。

除了单独使用混凝剂，近年来研究者尝试将混凝工艺与其他处理技术结合，以提高垃圾渗滤液的处理效果。混凝剂与活性炭吸附耦合可以有效去除渗滤液中的色度、浊度、COD 和部分重金属。混凝剂与芬顿反应结合可以显著提高垃圾渗滤液中腐殖酸、COD 和其他难降解有机物的去除效率。混凝剂与纳滤结合可提高垃圾渗滤液中 TOC 和浊度的去除率。混凝工艺还可以与其他多种工艺相结合，为垃圾渗滤液处理提供更多选择。此外，通过混凝净化，废水中的微生物和病毒大部分被转移到污泥中，使后续消毒和杀菌更加容易。

2. 化学沉淀

化学沉淀是利用化学药剂与垃圾渗滤液中的氨氮反应生成沉淀物，以去除氨氮。该方法通过向废水中添加特定化学物质，使其与污染物直接发生化学反应，生成难溶于水的沉淀物，从而分离和去除污染物。然而，由于化学法通常需要大量化学药剂，并产生大量沉淀物，这导致了二次污染问题。处理后的废渣处理也面临挑战，因此在工程应用和可持续发展方面存在负面影响。常见的化学药剂包括镁盐、磷酸盐以及同时生成镁盐和磷酸盐的药剂。

根据所使用的沉淀剂不同，常见的化学沉淀法有氢氧化物沉淀法、硫化物沉淀法、碳酸盐沉淀法、钡盐沉淀法、卤化物沉淀法等。增加沉淀剂的投加量可以提高废水中离子的去除率，但过量使用会产生相反效果，一般不应超过理论用量的20％～50％。在处理垃圾渗滤液时，由于产生的沉淀物通常不形成带电荷的胶体，所以沉淀过程相对简单，可以采用常规的平流式或竖流式沉淀，停留时间比处理生活废水或有机废水短，一般需要进行小型试验来确定。不同的处理目标需要不同的投药和反应装置。某些药剂可以干式投加，而其他一些药剂需要先溶解并稀释到一定浓度，然后按比例投加。考虑到某些废水或药剂具有腐蚀性，投药和反应装置的选择必须充分考虑防腐要求。

3. 化学氧化

化学氧化法是一种用于去除垃圾渗滤液中COD和色度的方法，常用的氧化剂有O_3、Fenton、$KMnO_4$和Ca（ClO)$_2$等。同时试验发现多种氧化剂的联合使用效果优于单一氧化剂。化学氧化的优点是反应条件温和且容易控制、操作方便和选择性高；缺点为氧化剂价格贵，有的对环境存在污染，并且多为间歇生产，生产能力低。

4. 吹脱

吹脱法的基本原理是将空气通入废水中，改变气液平衡关系，使有毒有害气体从液相转移到气相，然后进行收集或扩散到大气中。这种方法利用空气与废水中溶解的气体发生氧化反应，将溶解性挥发物质从液相转移到气相，并进一步进行分离。吹脱法可以通过自然放置或者使用吹脱塔、吹脱池等设备进行人工吹脱。它常用于去除渗滤液中的氢化氰、丙烯腈等挥发性溶解物质。吹脱过程属于传质过程，其推动力是废水中挥发物质浓度与大气中该物质浓度之间的差异。

5. 吸附

吸附是一种常用于处理垃圾渗滤液的方法，其中活性炭吸附法主要用于去除难降解有机物和色度。多项研究发现该方法可以使COD去除率达到70％～80％，色度去除率可达到80％以上。吸附法利用生物膜中的微生物吸附和分解污水中的有机物，来实现废水的净化。在该方法中，微生物所需的氧气通过鼓风曝气供应，当生物膜生长到一定厚度时，填料壁上的微生物会因缺氧而进行厌氧代谢。

6. 微波

微波具有穿透陶瓷、玻璃、塑料等材料的特性，但对金属具有反射作用。它对水、含水物质和脂肪等具有深层瞬时加热效应，产生热效应。对液体而言，微波主要作用于其中的极性分子，通过微波电磁场使极性分子发生旋转，从而产生热效应，并改变体系的热力学函数，降低反应的活化能和分子的化学键强度。对固体而言，许多磁性物质如过渡金属及其化合物、活性炭等对微波具有很强的吸收能力。由于表面的不均匀性，当微波辐射时，这些物质的表面会产生许多高能量的“热点”，这些“热点”常被用作诱导化学反应的催化剂。总体来说，微波对流体中的物质具有选择性加热的特点，对吸波物质具有低温催化、低温杀菌和均匀加热的功能，可以加速固液分离过程，实现去污除浊和杀菌的效果。一般情况下经过微波技术处理后的渗滤液可以完全回用，且运行稳定可靠。

4.3.3 土地处理法

1. 回灌法

回灌是工程中的一种技术。用人工方法通过水井、砂石坑、古河道等，或利用钻井修建补水工程，让地下水自然下渗或将地表水注入地下含水层。在非雨期时采用渗滤液回灌系统，可以达到渗滤液减量及初步净化的目的，从而保证填埋场的稳定运行。

1）回灌原理与工艺

20 世纪 80 年代以来，随着人们对垃圾填埋场研究的深入和对环境资源可持续发展的逐渐认识，在西欧和美国，越来越多的填埋场开始尝试利用渗滤液回灌来达到渗滤液处理、加速填埋场稳定、加大填埋气体产生速率和产气量的目的。

渗滤液回灌是土地处理法中的一种，即利用土壤-微生物-植物系统的陆地生态系统的自我调控机制和对污染物的综合净化功能来处理污水，使水质得到不同程度的改善，实现渗滤液资源化与无害化。

在适当条件下，填埋场中垃圾的降解速率能够在一定范围内控制和加强。对垃圾降解影响最大的环境因素包括 pH 值、温度、营养成分、毒素含量、水分含量、颗粒大小以及氧化还原能力等。但最关键的参数是水分含量。控制填埋场内水分含量的最佳手段是渗滤液回灌，可以给填埋场提供最佳环境条件，并利用填埋场自身形成的稳定系统使渗滤液经过垃圾层和覆土层而降解，促进填埋物的稳定，同时渗滤液还因蒸发而减少。

2）填埋场稳定化过程及渗滤液的变化特性

多数填埋场中的填埋物要经过 5 个明显的不同变化过程，而其间渗滤液产生特性随不同过程中微生物作用机制的变化而改变。微生物作用过程变化的五个阶段见表 4-3。

表 4-3 微生物作用机制具体过程

阶段	阶段名称	内容
第一阶段	初始调整阶段	垃圾的填入和填埋层中水分的积累，直到建立产生生化降解的适宜环境
第二阶段	过渡阶段	垃圾层中的水分超过饱和含水量，发生了由好氧向厌氧的转变。随着硝酸盐、硫酸盐被还原和填埋层中的氧气被一氧化碳取代，建立了一种还原环境。在过渡阶段末期，可以测得到渗滤液中 COD（化学需氧量）和 VOA（挥发性有机酸）的积累
第三阶段	酸形成过程	垃圾连续的水解和可降解有机成分的微生物转变，引起整个过程中中间产物 VOA 的富集，通常 pH 值下降，伴随着金属存在形式的变化，与酸发酵菌相关的活性生物量的增长、基质和营养成分的大量消耗是这一阶段的最主要特征
第四阶段	甲烷发酵阶段	中间酸产物被甲烷发酵菌所消耗，而变成甲烷和一氧化碳。硫酸盐和硝酸盐分别被还原为硫化物和氨。受碳酸氢盐缓冲系统控制，pH 值升高，进而支持甲烷菌的增长。重金属被络合或进入渗滤液流走
第五阶段	稳定阶段	营养物和生化基质变得很少，生物活动处于不活动状态。产气量急剧下降，渗滤液浓度很低且保持稳定。堆层中慢慢出现氧气和产生氧化物。但难降解有机成分的降解还在继续，产生腐殖质

填埋场中填埋物的稳定化过程取决于填埋场环境中物理、化学和生物的因素，以及填埋物的时间和特性、作业管理特点和填埋场的外部环境因素。

3）渗滤液回流对渗滤液特性的影响

西欧和美国对填埋场渗滤液回灌的示范工程研究结果表明，在使用渗滤液回灌技术的填埋场中，渗滤液特性的变化一般都遵循填埋场中有机物的变化规律，即由酸发酵阶段、甲烷发酵阶段到成熟化的过程。污染物并不会在渗滤液中富集，而只有在酸发酵阶段会有各种组分的明显富集。利用填埋场的蓄水功能和作为一种活性反应器的降解能力，渗滤液在填埋场中能够得到初步降解。由于渗滤液能够反复地循环到填埋场中，浓度降到最低并稳定化，这时不需要人工处理。从这一点考虑，可以通过调节回灌频率和回灌量作为新的控制手段来优化填埋作业，调整渗滤液的特性。在酸发酵阶段可以适当减少回灌次数和回灌量，以避免其他因素对整个过程潜在的影响。在甲烷发酵阶段，可以进行大量的回灌作业。

在预防重金属污染方面，渗滤液回灌扮演着关键的角色。在常见的垃圾填埋场中，垃圾中的重金属会被渗滤液冲洗出来重新进入渗滤液中。而渗滤液回灌可以产生一种具有还原特性的环境，从而将硫酸盐转变成硫化物。同时，回灌过程能够促进生成中性或稍微偏碱性的环境，有效解决了渗滤液中重金属积累问题，并实现了金属氧化物的沉淀。经过一段时间的演变，垃圾中的有机物逐渐趋于稳定，形成了一种类似于土壤中腐殖质的高分子复合物。这种复合物与重金属有很强的络合能力，形成络合物。

如果利用填埋场中的不同发酵阶段，形成硝化、反硝化、厌氧发酵和甲烷发酵环境，渗滤液回灌也可以作为渗滤液处理的一种方法。在瑞典的示范工程试验研究中，就成功地在填埋场中实现了二级降解过程，在一部分填埋场中保持酸发酵环境，而在另一部分填埋场中保持甲烷发酵环境。在酸发酵环境下产生的高浓度低 pH 值渗滤液回灌到甲烷发酵环境下的填埋场中进行处理。多项研究发现渗滤液回灌可以加速填埋场渗滤液的稳定化，对一个传统的填埋场而言，若其渗滤液的 COD 半衰期为 10 年，在渗滤液回灌的情况下则可以缩短为 230～380 天。因此，渗滤液回灌可以大大提高渗滤液中有机物去除和稳定化速度。

4）渗滤液回灌的蒸发作用

在蒸发量大于降雨量的地区，填埋场中产生的渗滤液很少，甚至根本不产生渗滤液。在年降水量少于 400mm 的地区，所有的降水都要被蒸发掉，而在年降水量在 750mm 以上的地区，最终才会产生渗滤液。例如，在南非开普敦，年降水量为 510mm，水面蒸发量为 1110mm，而填埋场 3 年的渗滤液产出量只有 150mm。因此，在蒸发量较大的地区，通过渗滤液的回灌，可大大提高渗滤液蒸发量，减少渗滤液处理投资和处理费用，有的地区甚至可以完全蒸发掉。

5）渗滤液回灌对填埋气体产生的作用

渗滤液回灌极大地提高了填埋气体产生的速率和产气量，而且使渗滤液中的有机物重新回到填埋场并转化为气体。

6）渗滤液回灌对填埋场稳定化、安全化的作用

渗滤液回灌加快了填埋场的沉降速度。例如，美国加利福尼亚的一个填埋场使用渗滤液回灌填埋单元，使垃圾堆体体积沉降到原来的 80%，而没有渗滤液回灌的填埋单

元只沉降到原来体积的92%。综上所述，通过回灌可加速填埋场的稳定和再利用，增加填埋量，延长填埋场的使用年限，取得较好的效益。

经过渗透液的回灌处理，有机物的降解过程得到了促进，因此填埋场的稳定速度提高了，对地下水和地表水的负面影响也减少了。借助提高气体产生速率，回灌技术有效地实现了对有害气体和温室气体的控制。因此，回灌改善了填埋场的安全性和可靠性，同时降低了填埋场封场后的设施维护费用。此外，对地下水以及渗滤液等的长期监测频率和污水处理时间也得到缩短，从而显著减小对周边环境的负面影响。

国内也有相关单位对渗滤液回灌进行了实验室模拟研究，结果表明利用填埋场覆盖土层和垃圾填埋层的回灌处理在理论上是可行的，且影响回灌处理效果的主要因素包括土壤结构、水力负荷、COD负荷及配水次数等。其中水力负荷是最主要的影响因素。

2. 人工湿地法

人工湿地是一种由人工建造和控制运行的类似沼泽地的地面结构。它通过将污水和污泥有计划地引入人工建造的湿地，并在流动过程中利用土壤、人工介质、植物和微生物的物理、化学和生物协同作用来处理污水和污泥。该技术的作用机理包括吸附、滞留、过滤、氧化还原、沉淀、微生物分解、转化、植物遮蔽、残留物积累、蒸腾水分和养分吸收以及各种动物的作用。

人工湿地主要通过生物降解、过滤、沉淀和吸附等作用来去除有机物。进入湿地的渗滤液中含有大量悬浮颗粒物，不同湿地中的颗粒物组成和粒径分布各不相同。悬浮颗粒物的主要物理去除机制包括絮凝、沉淀、过滤和拦截作用。氮的去除主要通过微生物的硝化反硝化作用、填料和植物的吸附过滤作用以及氨的自身挥发作用等进行。其中，硝化反硝化作用在氮的去除中起主要作用。此外，湿地植物可以吸收污水中的无机氮作为营养物质，并最终通过植物收割的方式从湿地系统中排出。自由表面流人工湿地和垂直流人工湿地具有良好的氧化条件，而水平潜流人工湿地则能为反硝化细菌提供有利条件，但会抑制硝化作用。湿地基质具有较大的比表面积，对磷有良好的吸附效果。此外，基质中的Ca^{2+}、Fe^{2+}等也对磷的去除起一定作用。微生物对磷的去除主要表现为同化吸收和过量积累两个方面。在自由表面流人工湿地中，营养元素的去除主要发生在沉积物中。渗滤液在流经沉积物时，溶解的营养元素向沉积物中扩散速度较慢。而在潜流人工湿地中，水流与基质和植物根系接触更充分，因此磷的去除效果也较好。在适当条件下，磷的去除率可达40%。人工湿地对金属元素的去除机理主要包括化学沉淀、吸附、络合、化学氧化、物理沉积、微生物活动和植物吸收等作用。

近年来，对垃圾渗滤液及其危害性的认识不断加深，对其处理技术也越来越重视。目前，国内外垃圾渗滤液处理工艺均存在一些问题，如抗冲击负荷能力差、基建运行费用高和处理效率低等。人工湿地由于其基建运行费用低、耗能小、便于管理和处理效果好等优点，在渗滤液处理技术中具有独特的优势和良好的发展前景。

3. 蒸发处理法

由于渗滤液具有高污染和高危害性质，近年来许多国家开始采用蒸发系统来处理渗滤液。蒸发是一种易于操作但成本昂贵且能源需求较高的处理方式。它通过加热和提供系统负压的方式将渗滤液中的水分蒸发，水蒸气经过冷却系统收集至储池，再将浓液继续浓缩，当达到浓浆状态时，再利用脱水系统使其失水最终接近干渣状。为了最大限度地利用蒸发系统的运行状态，并阻止可挥发物质和 NH_3-N 的流失，通常需要在渗滤液的酸碱度方面进行适当调整。

蒸发过程中产生的蒸汽首先通过浓硫酸塔进行酸洗，蒸汽中的 NH_3-N 与磷酸溶液反应生成磷酸铵晶体，从而去除 NH_3-N。经过酸洗后的蒸汽再经过碱洗塔处理，蒸汽中产生的挥发性小分子有机物与氢氧化钠溶液反应生成钠盐，从而去除 COD。大部分蒸汽经冷却后变为蒸馏水，达到排放标准，而剩余少量无法冷凝的气体则被排放。此外，在蒸发过程中产生的钙、镁等沉淀物通过排污口进行收集，而少量的大分子有机物如腐殖酸等则随浓缩液一起排放。机械蒸发法处理渗滤液工艺流程见图 4-9。

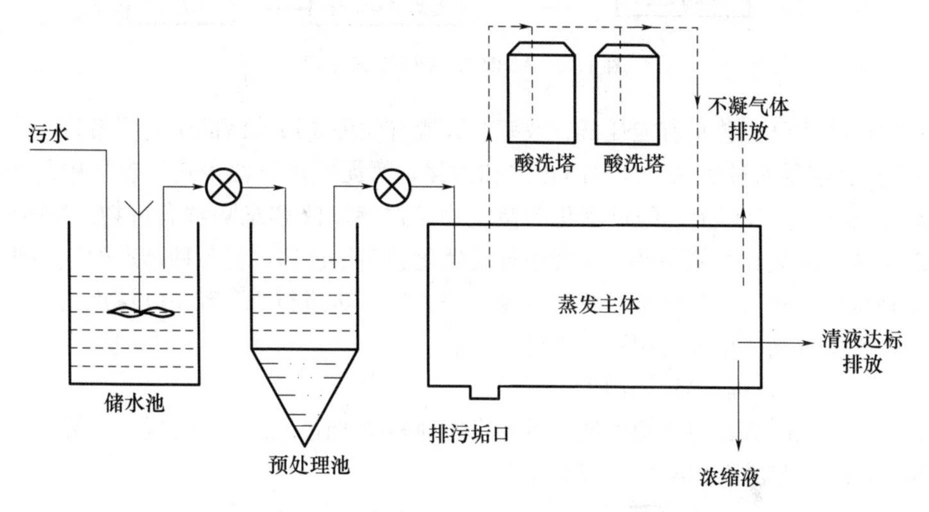

图 4-9　机械蒸发法处理渗滤液工艺流程

在渗滤液 NH_3-N 浓度严重超标时，可考虑引入去除 NH_3-N 和挥发物的工序。一般情况下，蒸发处理后的排水可以达到排放标准，但若出水中 COD 或 NH_3-N 浓度较高，则需要进一步处理以满足排放标准。蒸发系统还可以对深度处理后的浓液进行干浆化处理，以降低浓液回灌导致的盐富集和结垢等隐患。

4.3.4　渗滤处理工艺技术路线

垃圾渗滤液的污染物复杂，浓度高，水质变化大，处理难度大，一般需要几种方法联合应用。目前较为有效的工艺路线如下：

1. 生物处理＋膜处理工艺

1）MBR-NF-RO 工艺路线

该处理系统由四部分组成，包括预处理系统；膜生化反应器 MBR 系统；纳滤（NF）、反渗透（RO）系统；剩余污泥、浓缩液处理系统。该渗滤液处理技术路线主要以 MBR 膜生化反应器处理为主，辅以 NF。其中，MBR 技术是用膜过滤代替传统活性污泥法的二沉池，一方面可使生化反应器内的污泥浓度从 3～5g/L 提高到 20～30g/L，提高好氧生化单位容积下生化效率；另一方面起到截流作用，能有效降低污染物出水浓度。纳滤膜的使用能有效拦截生化出水 COD_{Cr} 和二价以上金属离子，并改善出水浊度，使系统出水达到排放标准，MBR-NF-RO 工艺流程如图 4-10 所示。

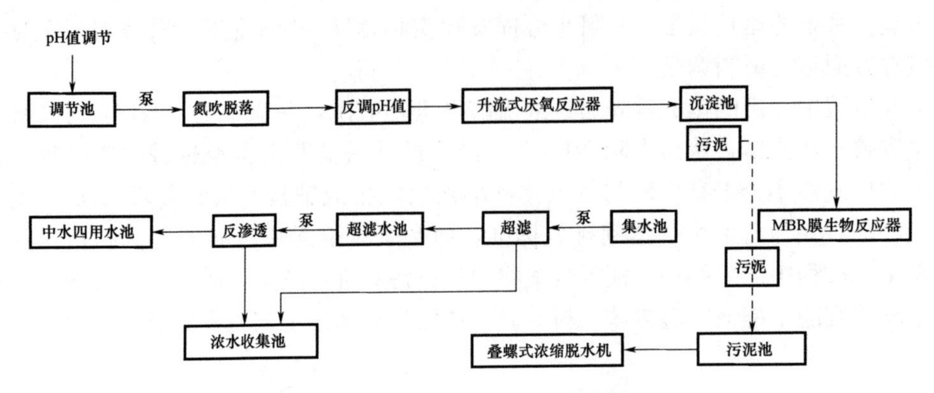

图 4-10　MBR-NF-RO 工艺流程

MBR-NF-RO 工艺具有能耗低、效率高、能有效提高渗滤液的生物降解性等主要特点。MBR 反应器通过超滤膜分离净化水和污泥，污泥回流可使生化反应器中的污泥浓度达到 2×10^3mg/L 以上。经过驯化的微生物菌群逐步降解难降解有机物。MBR 反应器处理系统在缺氧和好氧条件下交替进行反硝化和硝化过程，将各种形态的氮转化为氮气，实现脱氮目标，有效缓解渗滤液的氮污染。进一步进行 NF 和 RO 深度处理工艺可以使出水水质达到回用水使用标准或排放标准。

2）中温厌氧系统＋MBR＋RO

该组合工艺的流程包括预处理、微生物处理和膜吸附过滤三个阶段。中温厌氧系统＋MBR＋RO 工艺流程如图 4-11 所示。

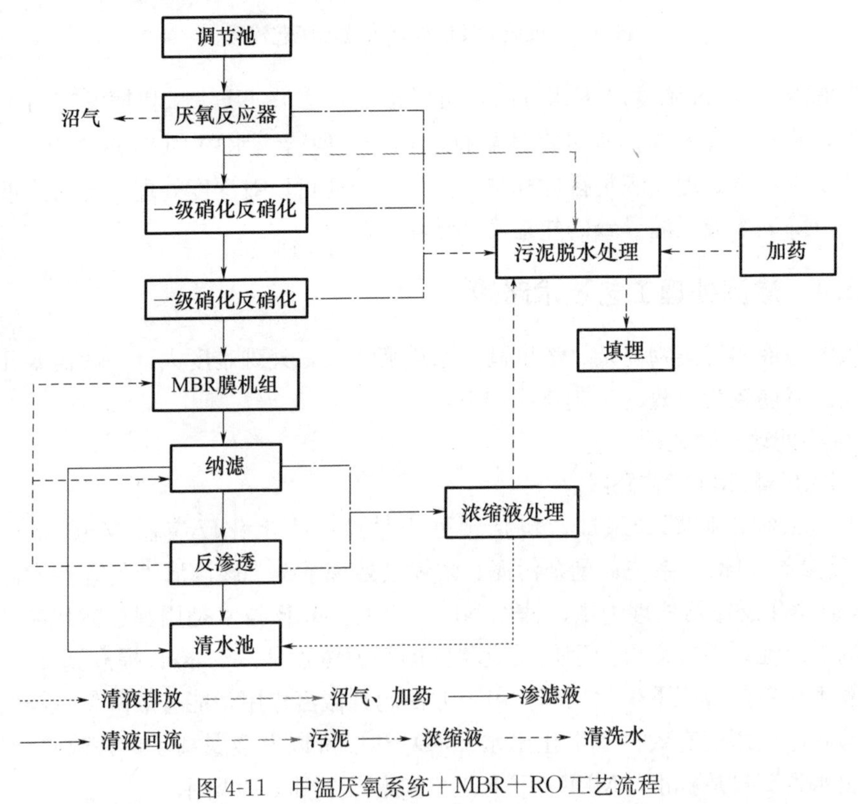

图 4-11　中温厌氧系统＋MBR＋RO 工艺流程

垃圾渗滤液先经过调节池进入中温厌氧池，在大分子有机污染物降解后进入缺氧段MBR反应器。与回流水混合后，进入好氧段MBR进行曝气，去除渗滤液中的TN。好氧池出水进入MBR分离器，将分离的污泥浓液回流至MBR缺氧段。MBR出水经反渗透系统处理后实现达标排放。

该工艺基于生化反应和物理处理原理。由于生化系统受到多种因素的影响，需要各单元之间密切协调配合。该工艺具有较高的自控程度和较低的技术风险，但对于处理"老龄化"渗滤液的难度较大。综上所述，该工艺投资较低，主要设备多为国产，能够有效削减污染物总量，并且管理较为便捷。该工艺的不足之处在于出水率较低，增加了回灌的难度；生物处理效果不稳定，需要培养和驯化生物菌种，增加了运行成本；对"老龄化"渗滤液的生化效果较差；需要连续运行，不能长时间停运。

3）预处理＋MBR＋RO

在整个工艺流程中，填埋场调节池中的渗滤液首先进入垃圾渗滤液处理系统的第一阶段。该阶段包括混凝沉淀区、反硝化区、硝化区、中沉区和MBR膜系统。渗滤液首先进入混凝沉淀区，以去除悬浮物和重金属Hg等，减小对后续生化系统的抑制作用，并保护后续的NF/RO膜以延长使用寿命。混凝沉淀出水流入硝化反硝化区，通过生化过程去除可生化有机物、氨氮和总氮。经过生化处理后的出水进入中间沉淀区，去除由生化处理产生的悬浮污泥。膜生化反应池内放置浸没式膜组件，利用膜的截留作用去除悬浮物和污染物，而沉淀区和MBR系统的活性污泥回流至污泥浓缩池，以防止污泥流失。

MBR出水进入垃圾渗滤液处理系统的第二阶段，首先通过纳滤去除大部分的COD、BOD、SS、重金属、大肠菌群和色度等。出水随后进入反渗透系统，经过反渗透膜去除COD、BOD、SS、重金属等污染物，以达到排放标准。反渗透系统产生的浓缩液回流至纳滤的进水池再进行进一步处理，而纳滤系统的浓缩液则回灌至调节池。生化过程产生的剩余污泥则排入污泥井，并通过污泥螺杆泵输送至填埋场进行处理。预处理＋MBR＋RO工艺流程见图4-12。

采用生物处理＋膜处理的组合工艺，不仅能确保出水水质达标，并且可以保证处理后出水满足回用标准。该工艺设备占地面积小、投入使用效率高，可在2天内将集成式系统运至填埋场即可投入运行使用。由于该工艺采用内置式中空纤维和负压出水方式，较外置式MBR运行费用大大降低。同时，该系统自动化程度高，无须专业人员亦可操作，解决了城镇运行管理不善的难题，在保证较低运行费用的前提下，具有高效的氧利用效率和独特的运行方式，大大减小了用电负荷，从而减小后期运行维护成本。

2. 全膜吸附过滤处理工艺

1）预处理＋两级反渗透膜过滤

二级反渗透装置是借助压力使水分子通过选择性透过作用的反渗透膜，实现反渗透净水。这种装置可以根据不同物料的渗透压进行分离、提取、纯化和浓缩。它能够去除水中98%以上的溶解性盐类和99%以上的胶体、微生物、微粒和有机物等。

垃圾填埋场渗滤液原液经调节池后进入高压泵，通过循环高压泵进入一级盘管反渗透（DTRO）反渗透膜过滤，出水后进入二级DTRO反渗透系统。经过两级反渗透过滤后达到排放标准，并循环进入系统进行处理。一级浓液回灌至垃圾填埋区进行集中处理，二级浓液回流至总进水口，系统的总产水率约为60%。

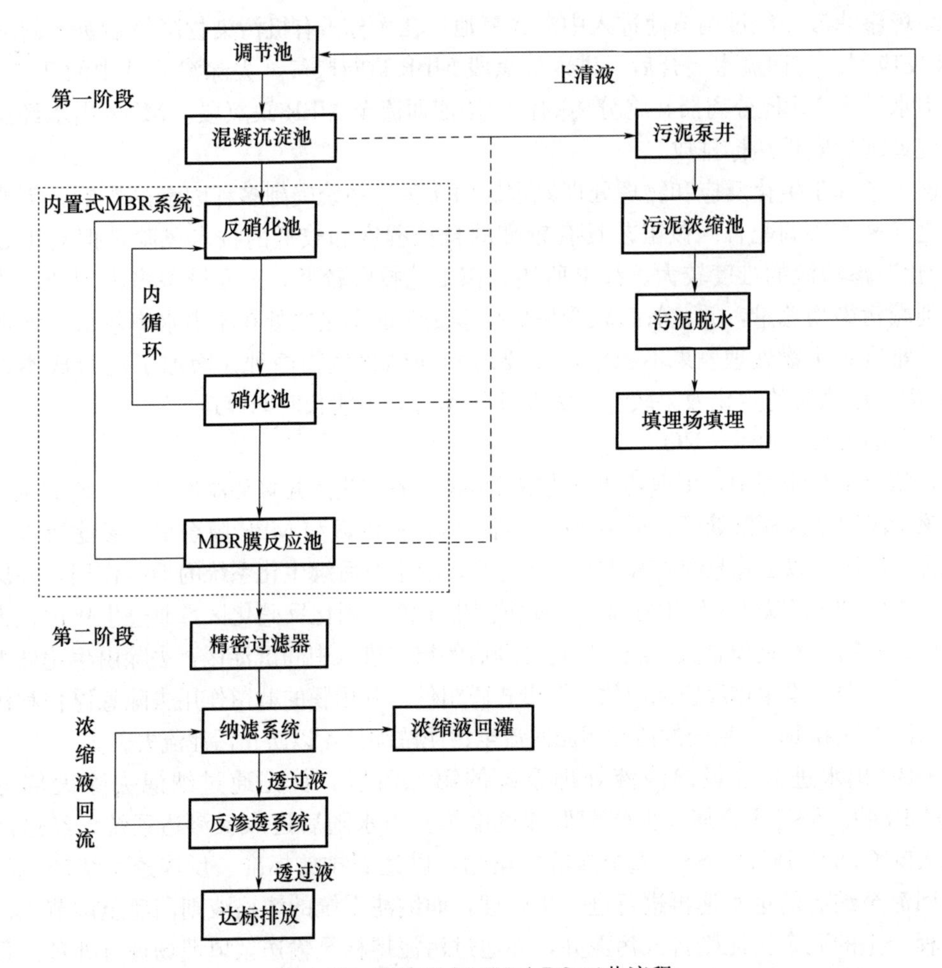

图 4-12　预处理＋MBR＋RO 工艺流程

该工艺操作简便、能够间歇式运行、自动程度高且易于维护管理。同时，膜产品类型多样。然而，该工艺对渗滤液原水的水质较为敏感，出水率容易受到悬浮物、电导率和温度等因素的影响。两级反渗透处理工艺中缺乏前级预处理，容易导致反渗透膜堵塞，需要频繁更换，增加处理成本。出水率较低，回灌难度大，增加运行成本。

2）DTRO 工艺流程

盘管反渗透（DTRO）的重要部分是盘管式膜柱组，具有宽通道（最大 6mm）、短流量（仅 7cm）和大雷诺数（湍流）。DTRO 包括预过滤、一级反渗透、二级反渗透和浓缩液处理系统。DTRO 工艺流程如图 4-13 所示。

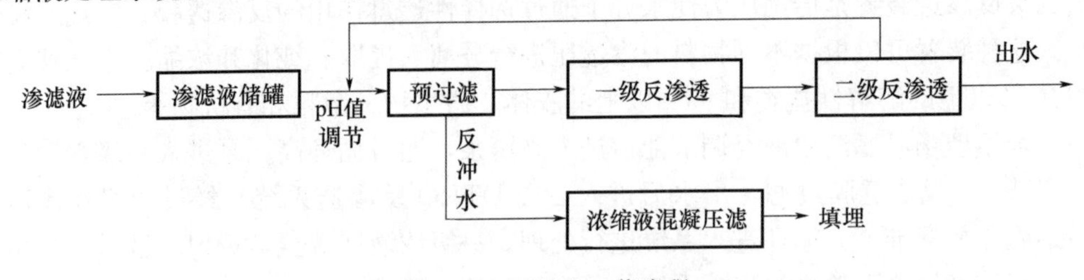

图 4-13　DTRO 工艺流程

DTRO预处理简单，无须生化处理单元，减少了结垢和膜污染问题，延长了反渗透膜的寿命，且安装和维护简单，操作方便，可以实现自动化。系统具有高度可扩展性，可以根据需要添加第一膜组和第二膜组。

该工艺系统的处理效果不受进水的可生化性影响，可以保证稳定的出水水质。对预处理要求低，采用开放式流道可以处理含有较多胶体和悬浮物的渗滤液。模组件的流程短而流道宽，特殊的水力条件使液体在膜柱内形成湍流，减少膜污染的发生。污染物易于清除，尤其是对生物污染的去除效果好。标准化的模组件系列使组装灵活，易于在室内和集装箱内安装，占地面积小，能耗和运行成本低，系统具有高度自动化程度，易于操作和维护。另外，在处理含油渗滤液时，需要提前进行预处理以实现油水分离。对含有余氯的渗滤液，需要在前端加入活性炭以过滤掉余氯再进行进一步处理。同时，DTRO膜有温度限制，清洗温度不宜过高，一般建议不超过45℃，最高运行温度不宜超过40℃。

3. 蒸发-离子交换处理工艺

蒸发-离子交换处理工艺是指使用低耗蒸发与离子交换处理工艺（MVC-DI）相结合的工艺路线。其中MVC工艺处理系统由四部分组成，包括过滤预处理系统、MVC蒸发系统、DI离子交换除氮系统和气体吸收系统。填埋场垃圾渗滤液经调节池过滤器在线反冲过滤，提高渗滤液中悬浮物和纤维的去除效率，再经MVC压缩蒸发，将渗滤液中的污染物与水分离，实现水质净化。借助特种树脂去除蒸馏水中的氨，使出水水质达到排放标准。在MVC过程中排出挥发性气体氨，DI系统可吸收渗滤液中剩余盐酸气体。MVC-DI工艺流程见图4-14。

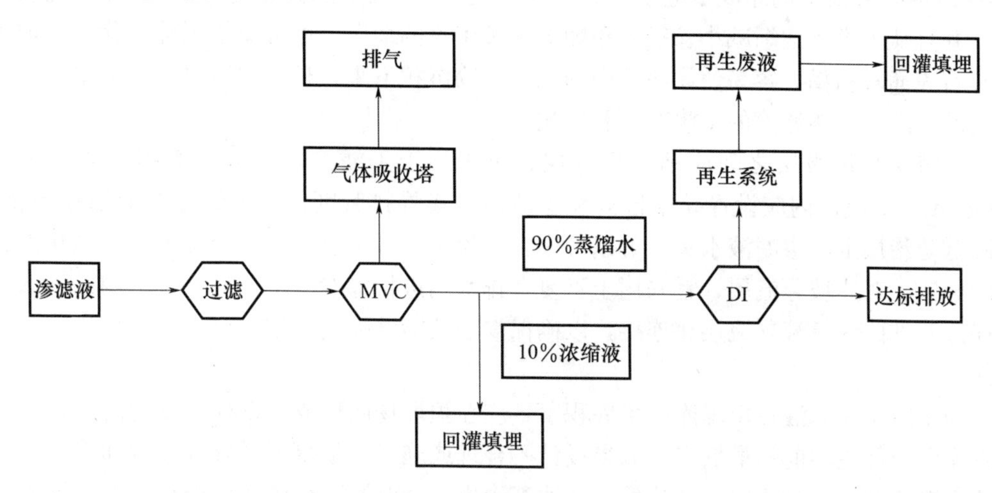

图4-14　MVC-DI工艺流程

MVC工艺不受pH值、进水成分、浓度以及温度等外界因素的影响，并且该工艺具有设备占地面积小、出水率高、操作管理便利和调试简单的优点。该工艺的优势在于受渗滤液的原始水质影响较小，出水率可高达90%，能够做到间歇式运行，自控程度较高、维护简单，浓液量较少。不足之处是蒸发工艺实际应用较为复杂，能耗较高，维护成本较大，设备材质要求较高，需要具有较强的耐强酸、强碱腐蚀性材料，后期蒸发罐清洗频次较大，药剂成本高。

4.4 渗滤液收集系统

渗滤液收集系统的主要功能是及时、有效地收集填埋库区产生的渗滤液，并导排出去，通过调节池输送至渗滤液处理系统进行处理。为了避免对库区地下水的污染，该系统应确保衬垫或场底以上渗滤液的水头不超过 30cm。设计的收集导出系统层需要能够快速将渗滤液从垃圾堆体中排出，其原因有垃圾中出现壅水会使垃圾长时间淹没在水中，使不同垃圾中的有害物质浸润出来，从而增加渗滤液净化处理的难度；壅水会加重下部水平衬垫层荷载，增加防渗衬垫的破坏风险并影响垃圾堆体的安全稳定性，甚至会形成渗滤液外渗，造成污染事故。

渗滤液收集系统通常由导流层、收集盲沟、竖向收集井（导气石笼）、多孔收集管、集水池或集液井、提升多孔管、潜水泵和调节池及渗滤液水位监测井等组成。如果渗滤液收集管直接穿过垃圾主坝接入调节池，则可以省略集水池、提升多孔管和潜水泵。渗滤液收集系统应具备足够的导排能力，以确保在初始运行期的大流量和长期水流作用下仍能正常运转而不受损坏。同时，它起到向垃圾填埋堆体供给空气、加速垃圾体稳定化的作用。

4.4.1 导流层

导流层应铺设在经过清理后的场基上，厚度不小于 300mm。当年平均降雨量大于 800mm 时，导流层的厚度不应小于 500mm。导流层由粒径为 40～60mm 的卵石铺设而成，并且从上至下逐渐减小粒径。在卵石来源困难的地区，可考虑使用碎石代替，但由于碎石表面较粗糙，容易使渗滤液中的细颗粒物沉积下来，长时间情况下可能堵塞碎石之间的空隙，对渗滤液的下渗有不利影响。

导流层与垃圾层之间应铺设反滤层，可采用土工滤网，其单位面积质量宜大于 $200g/m^2$。导流层内应设置导排盲沟和渗滤液收集导排管网，以确保渗滤液通畅导排，并降低防渗层上的渗滤液水头。可以考虑在导流层下方增设土工复合排水网来强化渗滤液的导流。对边坡导流层，宜采用土工复合排水网进行铺设。土工复合排水网的下部应与库区底部的渗滤液导流层相连接，以确保渗滤液能够顺利导排至盲沟中。导流层断面见图 4-15。

为了防止渗滤液在填埋库区场底积蓄，应在填埋场底形成一系列坡度的阶梯，使水始终流向垃圾主坝前的最低点。如果设计不合理或施工质量得不到有效控制和保证，渗滤液将滞留在水平衬垫层的低洼处，并逐渐渗出，会对周围环境产生影响。设置导流层的目的是将全场的渗滤液顺利导入收集盲沟内的渗滤液收集管内（包括主管和支管）。

在进行导流层工程建设之前，需要清理填埋库区范围内的场底。在导流层铺设的范围内，需要清除植被，并按照设计好的纵横坡度进行平整。进入导流层的渗滤液在垂直方向上的最小底面坡降应大于等于 2%，以便于渗滤液的排放和防止在水平衬垫层上的积蓄。在清理场底时，需要对表面土地进行机械或人工压实，特别是已经开挖了渗滤液收集沟的位置，通常要求土压实度小于 93%。如果清理场底时遇到淤泥区等不良地质情况，在土方量较小的情况下，可采取换土的方式解决。

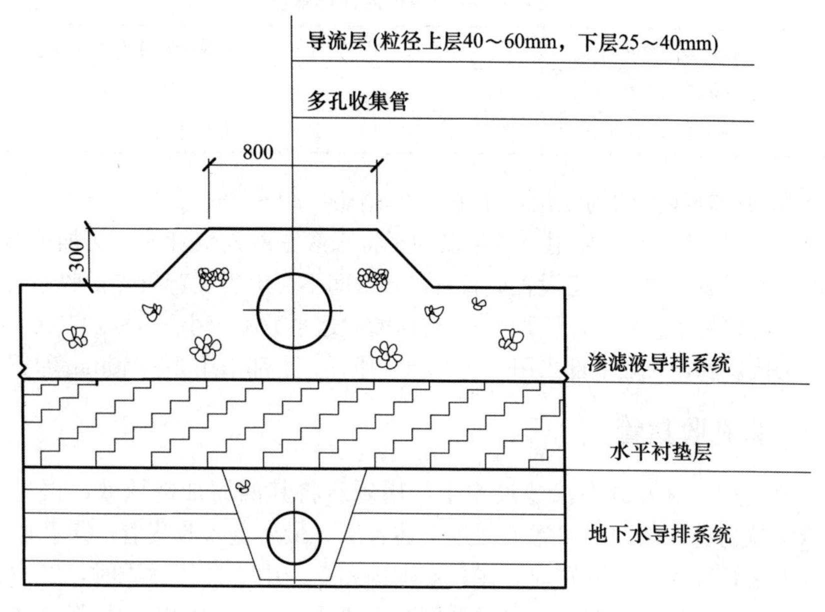

图 4-15　导流层断面

垃圾填埋场的渗滤液收集系统在长期运营中可能出现导排层阻塞问题，导致导排系统失效，渗滤液大量积聚，渗滤液面升高，废弃物内孔隙水压力增大，有效应力减小，填埋体抗剪强度降低，最终导致填埋体失稳破坏和渗滤液溢出。导排层阻塞问题是涉及地质、环境、生物等多学科的交叉问题。

解决垃圾填埋场导排层阻塞问题对渗滤液的预防和控制具有重要意义。在微观机理方面，渗滤液作用于填埋场导排层致阻塞的机理主要有如下几方面：①废弃物中惰性固体悬浮物沉积；②微生物附着于渗滤系统导排层颗粒表面并分泌胞外多糖等劲性物质，以生物膜为主；③微生物代谢诱导渗滤液中金属离子与二氧化碳结合生成不溶的碳酸盐沉淀；④微生物代谢过程产生气体填充于导排层颗粒孔隙，阻碍液体渗流；⑤界面效应影响渗滤液内金属阳离子不均匀分布和沉淀。多方面因素引起填埋场导排层阻塞的过程并非相互独立，它们之间往往存在着错综复杂的关系，相互促进，共同作用；在宏观试验研究方面，通过渗流试验等手段可以探究多方面因素对导排层渗透性随时间变化的影响，目前已有一些对不同环境下垃圾分解速率差异的研究，但缺乏环境等因素对导排层渗透性影响的研究，例如较高温度和 pH 值所导致阻塞的差异性等。引发垃圾填埋场导排层阻塞因素较多，作用机理复杂，从根本上预防和治理阻塞问题，需要从作用机理分析，重视作用根源，尤其是微生物对填埋场长期稳定性的影响，以便找准目标综合治理。

4.4.2　收集盲沟

收集盲沟设置于导流层的最低标高处，并贯穿整个场底。盲沟系统宜采用直线形或树叉形布置形式，有条件时宜采用直线形。断面通常采用等腰梯形或菱形，梯形盲沟最小底宽可参考表 4-4 选取。

表 4-4 梯形盲沟底最小宽度

管径 DN（mm）	盲沟最小底宽 B（mm）
200＜DN≤315	D（外径）＋400
400＜DN≤1000	D（外径）＋600

铺设于场底中轴线上的为主沟，在主沟上依间距 30～50m 设置支沟，支沟与主沟的夹角宜采用 15°的倍数（通常采用 60°），以利于将来渗滤液收集管的弯头加工与安装，同时在设计时应当尽量把收集管道设置成直管段，中间不要出现反弯折点。收集盲沟中填充卵石或碎石（$CaCO_3$ 含量不应大于 10%），石料的渗透系数不应小于 1×10^{-3} cm/s。粒径按照上大下小形成反滤，一般上部采用 40～60mm 卵石，下部采用 25～40mm 卵石。

4.4.3 多孔收集管

渗滤液收集管一般安放在渗滤液沟中，用砾石将其四周加以填塞，再衬以纤维织物，以减少细粒物进入沟内，渗滤液通过上述各层，最后进入收集管。多孔收集管按照埋设位置分为主管和支管，分别埋设在收集主沟和支沟中，选择材质时，考虑到垃圾渗滤液可能对混凝土产生侵蚀作用，通常采用高密度聚乙烯（HDPE）材料，主盲沟坡度应保证渗滤液能快速通过渗滤液干管进入调节池，纵横向坡度不宜小于 2%。管径应根据所收集面积的渗滤液最大日流量、设计坡度和管道材料类型等条件用曼宁公式计算。利用曼宁公式计算管道流量的先决条件是渗滤液在收集管内必须是无压流及管道出口必须是自由出流。计算管道流量的曼宁公式见式（4-3）和式（4-4）。

$$Q=\frac{1}{n}r_{\mathrm{h}}^{\frac{2}{3}}\ S^{\frac{1}{2}}A \tag{4-3}$$

$$r_{\mathrm{h}}=\frac{A}{P_{\mathrm{w}}} \tag{4-4}$$

式中 Q——管道净流量（m^3/s），为渗滤液最大日产生量；

n——曼宁粗糙系数，HDPE 材料取 0.011；

A——过水断面面积（m^2）；

S——管道坡降（%），据规范规定，渗滤液收集管道坡降不应小于 2%；

r_{h}——水利半径（m）；

P_{w}——湿周（m）。

从上式可知，水力半径的物理意义是单位长度湿周所包含的断水面积，当过水断面面积 A 不变，P_{w}减小，则水利半径 r_{h}将增大，意味着边壁阻力减小，过水能力增大，所以水力半径是反映过水能力大小的一个重要指标。

填埋场用 HDPE 管的 DN（mm）规格有 200、250、280、315、355、400、450、500、560、630。《生活垃圾卫生填埋处理技术规范》（GB 50869—2013）规定，HDPE 干管公称外径不应小于 315mm，支管不应小于 200mm。当计算出的管径值大于该最小管径要求时，则取计算值为管径设计值；当计算出的管径值小于最小管径时，则以最小管径作为管径设计值。

渗滤液收集管的最大水平排水距离应小于允许最大水平排水距离 L，允许最大水平排水距离 L 的计算见式（4-5）～式（4-7），渗滤液收集管的最大设置间距为 $2L$。

$$L=\frac{D_{max}}{j\frac{\sqrt{\tan^2\alpha+\frac{4q_h}{k}}-\tan\alpha}{2\cos\alpha}} \tag{4-5}$$

$$j=1-0.12\exp\left\{-\left[0.625\lg\left(\frac{1.6q_h}{k\tan^2\alpha}\right)\right]\right\} \tag{4-6}$$

$$q_h=\frac{Q}{A\times 86400} \tag{4-7}$$

式中 L——允许最大水平排水距离（m）；

D_{max}——渗滤液导排层允许的最大水头高度（m），取0.3m；

k——导排层渗透系数（m/s），宜取$1\times10^{-4}\sim1\times10^{-3}$m/s；

α——坡角（°）；

j——无量纲修正系数；

q_h——导排层的渗滤液入渗量（m/s）；

A——场底渗滤液导排层面积（m^2）。

收集管应预先制孔，孔径通常为12～16mm，孔距为15～20mm，开孔率为2%～5%，为了使垃圾体内的渗滤液水头尽可能低，管道安装时要使开孔的管道部分朝下，但孔口不能靠近起拱线，否则会降低管身的纵向刚度和强度。典型的渗滤液多孔收集管断面见图4-16。

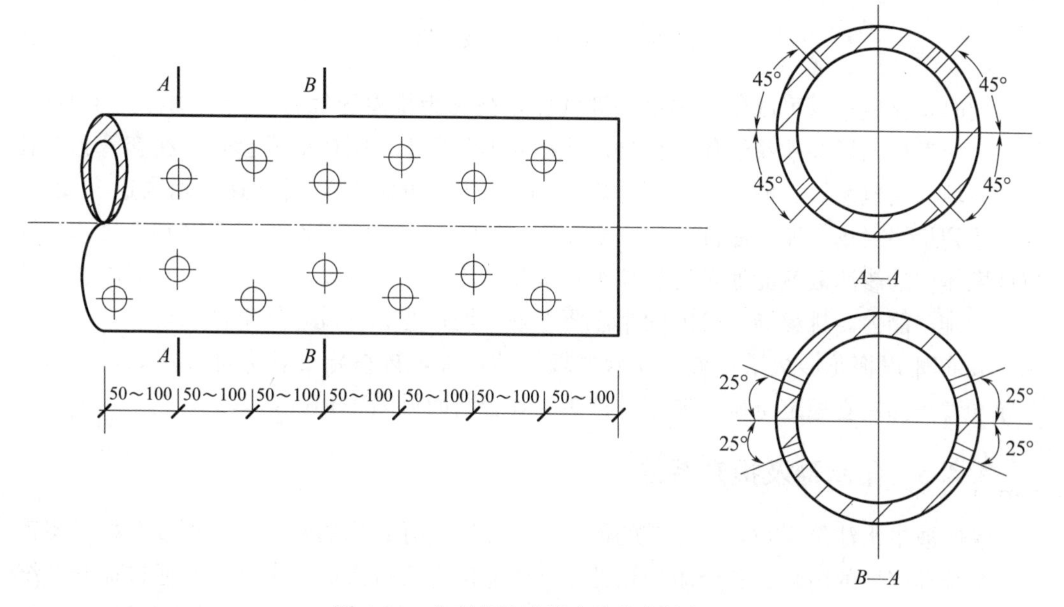

图4-16 典型的渗滤液多孔收集管断面

对规模达到Ⅲ类以上的填埋场，HDPE收集管宜设置高压水射流疏通、端头井等反冲洗措施。渗滤液收集系统的各个部分都必须具备足够的强度和刚度来支撑其上方的重力，如垃圾体荷载、后期终场覆盖物荷载以及来自填埋作业设备的荷载。其中最容易受到挤压损坏的是多孔收集管，收集管可能因荷载过大，出现翘曲失稳而无法正常发挥作用。另外，为了避免多空收集管遭到破坏，在第一次铺放垃圾时，不允许在集水管位置上面直接停放机械设备。

4.4.4 竖向收集井

渗滤液收集系统中的收集管装置，不仅包括场地水平铺设的部分，而且包括收集管的垂直收集部分。垃圾卫生填埋场一般分层填埋，各层垃圾压实后，覆盖一定厚度黏土层，起到减少垃圾污染及雨水下渗的作用，但同时造成上部垃圾渗滤液不能流到底部导层，因此需要布置垂直渗滤液收集系统。中间覆盖层的盲沟应与竖向收集井相连接，其坡度应能保证渗滤液快速进入收集井。如图 4-17 所示，在填埋区，需要按照一定的间距设置贯穿垃圾体的垂直立管。这些立管可以通过管底部连接导流层或水平收集管，从而形成垂直-水平立体收集系统。

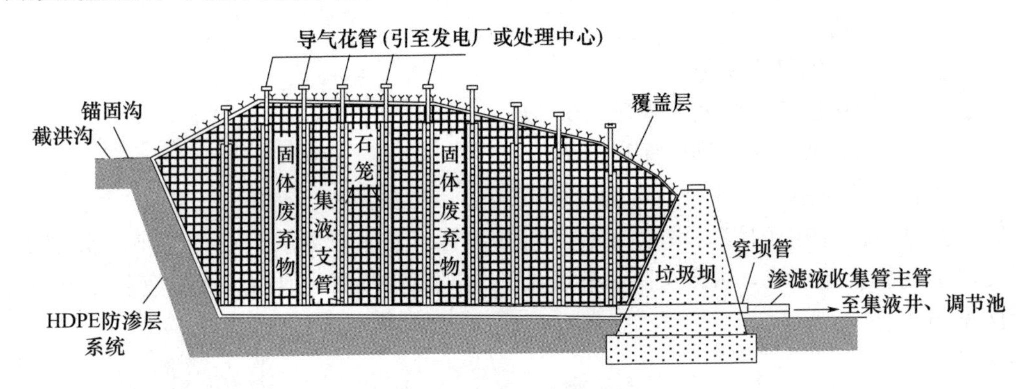

图 4-17　渗滤液收集系统示意图

同时，这些立管可以用于排出填埋气体，被称为排渗导气管。为了构建这个系统，使用高密度聚乙烯穿孔花管作为管材，并在外围利用土工网格形成套管。在套管和多孔管之间填入建筑垃圾、卵石或碎石滤料。随着垃圾层的增加，需要逐步增高这个设施，直至达到最终封场高度。底部的垂直多孔管与导流层中的渗滤液收集管网相连接，这样垃圾堆体中的渗滤液就能通过滤料和垂直多孔管流入底部的排渗管网，从而提高整个填埋场的排污能力。排渗导气管的间距需要考虑填埋作业和有效导气半径的要求，通常按照 50m 间距以梅花形交错布置。随着垃圾层的增加，排渗导气管会逐段增高，并需要在导气管下部建立稳定基础。典型的排渗导气管断面见图 4-18。

4.4.5 集水池及提升系统

渗滤液集水池位于垃圾主坝前的最低洼处，通过砾石堆填来支撑上覆废弃物及覆盖封场系统等产生的荷载。整个填埋场的垃圾渗滤液都会流入该集水池，并通过提升系统越过垃圾主坝进入调节池。对山谷型填埋场，可以采用渗滤液收集管直接穿过垃圾主坝的方式，利用自然地形的坡降。在这种情况下，穿坝管不会被开孔，而是使用与渗滤液收集管相同的管材，管径不小于渗滤液收集主管的管径。这样就能省略集水池和提升系统。采取这种输送方式不需要耗能，主坝前不会形成渗滤液的壅水，不仅有利于垃圾堆体的稳定化，而且便于填埋场的管理。但是，穿坝管与主坝上游面水平衬垫层接口处因沉降速度的不同易发生衬垫层的撕裂，对水平防渗产生破坏性影响。

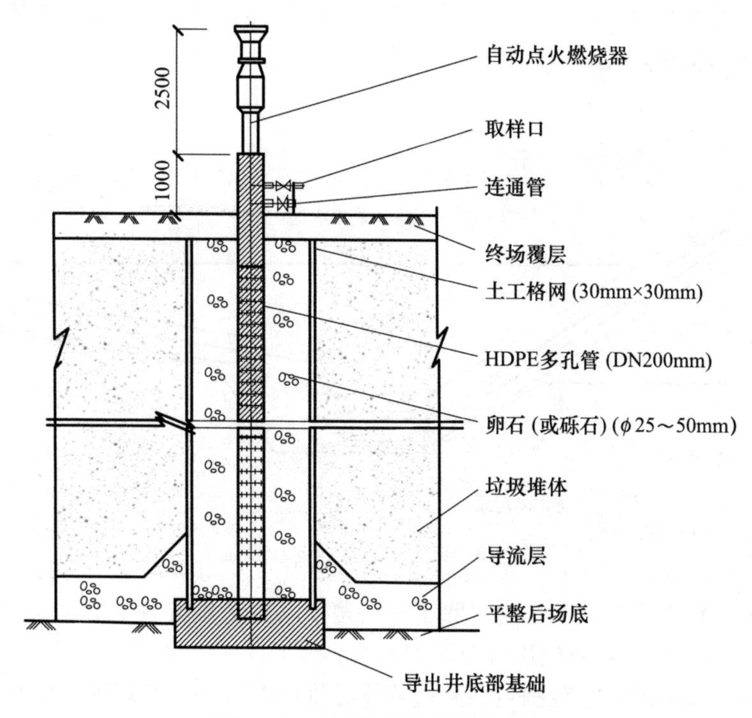

图 4-18　典型的排渗导气管断面

对平原型垃圾填埋场来说，由于渗滤液无法依靠重力流从垃圾堆体内导出，通常使用集水池和提升系统。通常情况下，水平衬垫系统在垃圾主坝前某一区域处向下凹陷形成集水池，由于防渗膜的撕裂常常发生于集水池的斜坡及凹槽处，因此需要在集水池区域增加一层防渗膜。提升系统包括提升多孔管和提升泵。提升多孔管依据安装形式可分为竖管和斜管。采用竖管形式时，由于垃圾堆体的固结沉降将给提升管外侧施加向下的压力（下拽力或负摩擦力），该压力可以达到相当大的数值，是对下部水平防渗膜的潜在威胁，所以现在通常使用斜管提升的方式。斜管提升最大限度地减小了负摩擦力的作用，而且避免了竖管提升带来的许多问题。HDPE 斜管通常采用半圆开孔方式，其典型尺寸是 DN800mm，以利于将潜水泵从管道中放入集水池，在泵维修或发生故障时可以将泵拉上来。

其中，集水池的尺寸需要根据其负责的填埋单元面积来确定，集水池的长宽高一般为 5m×5m×1.5m，池坡为 1∶2，集水池内填充砾石的孔隙率为 30%～40%。潜水泵通过提升斜管安放于贴近池底的部位，将渗滤液抽送入调节池。借助设计水泵的开启和关闭水位标高来控制泵的启闭次序，提升管穿孔的过流能力必须大于水泵流量，同时水泵的启闭液面高应能使水泵工作一个较长的周期（一般依据水泵性能决定），枯水运行或频繁启闭都会损坏水泵。典型斜管提升系统断面见图 4-19。

现行规范推荐集液井（池）宜按库区分区情况设置，并宜设在填埋库区外侧，原因是当集液井（池）设置在填埋库区外部时构造较为简单，施工较为方便，同时利于维修、疏通管道。对设置在垃圾坝外侧（填埋库区外部）的集液井（池），渗滤液导排管穿过垃圾坝后，将渗滤液汇集至集液井（池）内，然后通过自流或提升系统将渗滤液导排至调节池。库区渗滤液水位应控制在渗滤液导流层内。应监测填埋堆体内渗滤液水位，当出现高水位时，应采取有效措施降低水位。

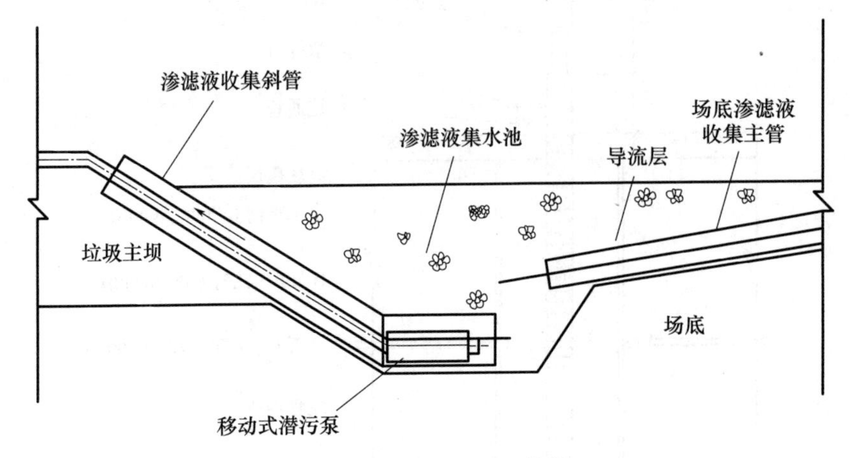

图 4-19　典型斜管提升系统断面

在监测填埋场内渗滤液水位时，除了需要遵守《生活垃圾卫生填埋场岩土工程技术规范》(CJJ 176—2012)，还应该符合下列要求：

(1) 检测渗滤液的液位范围包括渗透液体导排层的水头、填埋堆体的主水位以及滞水位。

(2) 为了监测渗滤液导排层的水位，可在排放层内埋设一条水平水管，并结合剖面沉降仪和液位测量仪进行联合测量。

(3) 为了监测填埋堆体的主水位和滞水位，宜埋设竖向水位管和数字水位指示器进行测量。在存在滞水位的情况下，建议采用多元感应管并结合数字水位指示器对主水位和滞水位进行精确测量。

(4) 选择水位管布点的监测点位置时，应综合考虑以下因素：首先，要在渗滤液收集主管附近选择一个合适的位置；其次，需要选取一个与渗滤液收集管最远的地方作为监测点的位置；最后，每处都必须至少安装一台监测装置。

(5) 为了在垃圾堆体边坡上实现相同的监测目的，需要采用不同的布置方式来安装竖向水位管和分层竖向水位管，水平布设距离应在 20～40m 之间，并确保底部距离衬垫层不小于 5m。此外，需考虑至少 2 个监测点，为确保分层竖向水位管的有效性，需要将其底部埋在隔水层上方，并严密隔离各支管。

(6) 通常建议填埋堆体的水位监测频次为 1 次/月，如果出现暴雨或其他紧急情况，需要增加监测的频次。对渗滤液导排层的水头监测，也建议监测频次宜为 1 次/月。

4.4.6　调节池

1. 调节池的功能

调节池是渗透液收集系统的终极处理单元，常使用地下式或半地下式的设计，以确保防渗措施的功效。为了预防渗漏问题，调节池一般在池底和池壁上采用 HDPE 薄膜覆盖，而顶部则使用混凝土板。调节池的主要任务是在渗滤液上进行水质和水量的调整，并对渗滤液进行初步处理。此外，它还可以平衡旱期和雨期之间的水量差异，确保渗滤液处理系统内的水量保持稳定。

2. 调节池容积计算

调节池容积的计算见表 4-5，在表中将 $E_i>0$ 的月渗滤液余量进行累加，即可得到调节池 i 个月（$i\geqslant 3$）内累计需要调节的总容量。

表 4-5　调节池容积的计算　　m^3

月份	渗滤液产生量	渗滤液处理量	渗滤液剩余量
1	L_1	D_1	$E_1=L_1-D_1$
2	L_2	D_2	$E_2=L_2-D_2$
3	L_3	D_3	$E_3=L_3-D_3$
4	L_4	D_4	$E_4=L_4-D_4$
5	L_5	D_5	$E_5=L_5-D_5$
6	L_6	D_6	$E_6=L_6-D_6$
7	L_7	D_7	$E_7=L_7-D_7$
8	L_8	D_8	$E_8=L_8-D_8$
9	L_9	D_9	$E_9=L_9-D_9$
10	L_{10}	D_{10}	$E_{10}=L_{10}-D_{10}$
11	L_{11}	D_{11}	$E_{11}=L_{11}-D_{11}$
12	L_{12}	D_{12}	$E_{12}=L_{12}-D_{12}$

调节池逐月渗滤液产量计算见式（4-8）。可以得出逐月渗滤液产生量 $L_1\sim L_{12}$。

$$L=I\times(C_1A_1+C_2A_2+C_3A_3+C_4A_4)/1000 \tag{4-8}$$

式中　L——逐月渗滤液产生量（m^3）；

I——多年逐月降雨量（m^3）；

C_1——正在填埋作业区的浸出系数；

C_2——已中间覆盖区的浸出系数；

C_3——已终场覆盖区的浸出系数；

C_4——调节池的浸出系数；

A_1——填埋作业区的汇水面积（m^2）；

A_2——已中间覆盖区的汇水面积（m^2）；

A_3——已终场覆盖区的汇水面积（m^2）；

A_4——调节池的汇水面积（m^2）。

逐月渗滤液剩余量计算见式（4-9）：

$$E=L-D \tag{4-9}$$

式中　E——逐月渗滤液余量（m^3）；

L——逐月渗滤液产生量（m^3）；

D——逐月渗滤液处理量（m^3）。

计算值宜按历史最大日降雨量或二十年一遇连续七日最大降雨量进行校核，在当地没有上述历史数据时，也可采用现有全部年数据进行校核。同时将校核值与上述计算出来的需要调节的总容量进行比较，取其中较大者，在此基础上乘以安全系数1.1～1.3，即为所取调节池容积。

当采用历史最大日降雨量进行校核时，计算公式见式（4-10）。其中C_1、C_2、C_3、C_4和A_1、A_2、A_3、A_4的取值与式（4-8）相同。

$$Q=I_{max}\times(C_1A_1+C_2A_2+C_3A_3+C_4A_4)/1000 \tag{4-10}$$

式中 Q——校核容积（m^3）；

I_{max}——历史最大日降雨量（m^3）。

3. 建设及施工要求

填埋场调节池需要依据填埋库区所在地的地质情况选择相应的建设及施工方式。对地势低洼的填埋库区，宜选用大容积HDPE土工膜防渗结构的调节池。对处于无明显低洼及地下水位较高地势的填埋库区，宜选用钢筋混凝土结构的调节池，只需对该调节池池壁做好防腐蚀处理即可。

针对调节池臭气外逸问题，需要加设HDPE膜覆盖系统。该系统在设计和使用过程中需要注意覆盖膜顶面的雨水导排、膜下的沼气导排及池底污泥清理等问题。覆盖系统包括液面覆盖膜、气体收集排放设施、重力压管以及周边锚固等。HDPE覆盖膜厚度应大于等于1.5mm；池顶周边的气体收集排放设施，一般选用环状带孔结构的HDPE白龙管；为了加大膜表面重力，需要填实重力压管，并且将调节池防渗结构层的周边锚固沟与覆盖系统进行固定连接。

4.5 浅层填埋区渗滤液导排系统设计及效能研究

4.5.1 气提装置设计

经过研究设计了一种提升垃圾渗滤液的气提装置。该垃圾渗滤液气提装置底部为升液部，包括升液管、输气管和渗滤液收集管。升液管的底端开口并浸入垃圾渗滤液液面以下；输气管位于升液管的内部或者外部，输气管的出气口位于升液管内靠近下端的位置，向升液管内输入压缩气体，输气管与出气口相对的一端与空压机相连。将输气管设置在升液管的内部，结构更简单，并且输气管不会受到堆体内部构造及物质的干扰，整个装置运行更平稳。渗滤液收集管的一端连接升液管下端，在渗滤液收集管的管壁上设置有通孔或通槽，另一端插入垃圾堆体内部，渗滤液收集管设置有多个朝向不同方向的延伸管，可实现水平延伸和/或倾斜延伸。装置中部为填埋气收集部，填埋气收集管的下端距离升液管的下端预定距离。该装置还包括垃圾渗滤液悬浮颗粒分离部，位于升液管的顶部，设置有泡沫分离器，包括泡沫分离器箱体和升液管的顶端设置有锥形部。泡沫分离器是一种利用气泡吸附细小悬浮物或者溶解性有机物来达到固液分离的效果装置。泡沫分离器箱体底部设置有开口，开口套设在升液管的顶端。箱体的底壁上设置有开口，供箱体内的泡沫排出。垃圾渗滤液悬浮颗粒分离部下侧预定距离处的升液管侧壁上设置有渗滤液出口。该新型气提装置剖面结构如图4-20所示。

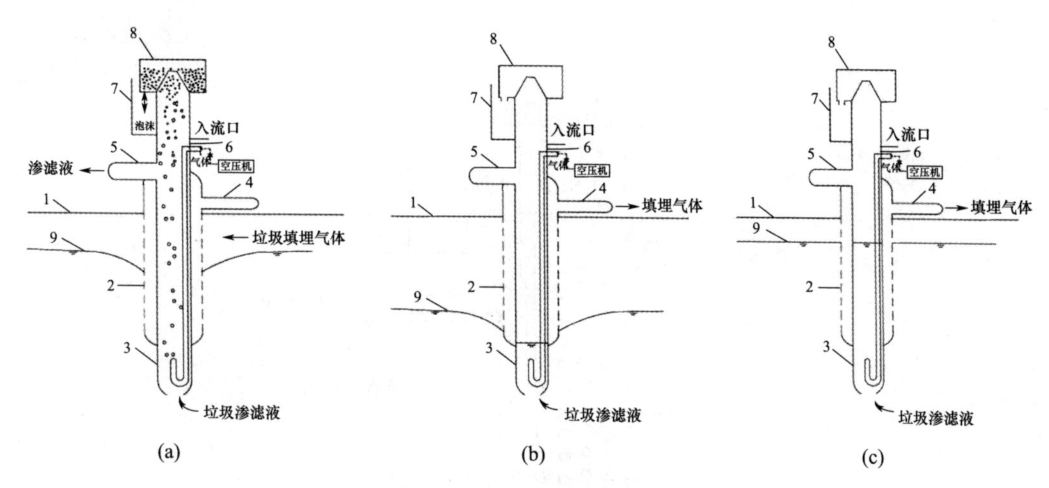

图 4-20 新型气提装置剖面结构

(a) 气提时；(b) 导气时；(c) 停歇时

1—垃圾堆体；2—填埋气收集管；3—升液管；4—收集气体出口；5—渗滤液出口；6—压缩气体入口；7—水位指示管；8—泡沫分离器等结构；9—堆体内液位

升液管浸没在垃圾渗滤液中，经空气压缩机压缩的空气通过空气管进入升液管，与升液管里的渗滤液混合成为气水混合液，相比升液管外面液体密度较小。为了达到平衡，在气泡上升的运动以及压强的作用下，升液管内部液面比外部液面高，进而起到提升液体的作用。渗滤液气提使气提井周围的渗滤液水位下降，形成降水漏斗，使该区域的填埋场气体运动水封阻力减小，保持渗滤液的液面在气体收集过程中始终比填埋气收集穿孔花管底部低，从而能够形成压差，使收集气体更有效率。

该装置具有多功能性特点。升液部使垃圾渗滤液液面保持在一定高度及以下来减小防渗膜上的水压，保证垃圾堆体稳定，同时，使用提升垃圾渗滤液的气提装置及时排出垃圾渗滤液，使垃圾渗滤液的收集提升不影响填埋气的收集导排。设置垃圾渗滤液悬浮颗粒分离部，利用气泡吸附杂质浓缩，最终清除泡沫即可去除液体中的悬浮物质。在气提装置顶部设置泡沫分离器，在管道气提收集的穿孔花管上部设置气体扩散器，将其通入空气，借助浮力携带杂质上升到液体表面。当泡沫越来越多地进入泡沫收集器时，通过泡沫排出管排出，而提升上来的渗滤液通过渗滤液排出口进入调节池。对使用泡沫分离器后的溶液中的浊度变化进行检测。试验所用垃圾渗滤液取自保定某垃圾填埋厂，填埋龄为 20 年。分别在不同位置收集了三组渗滤液样本，水质指标如下：浊度分别为 59、61 和 65；COD 为 800～1600mg/L；NH_4^+-N 为 800～900；TP 为 2～5mg/L；pH 值为 8～8.5，色度为 2000 左右，呈棕褐色。使用泡沫分离器后渗滤液的浊度分别为 44、47 和 48。经过计算可以得出，泡沫分离器对难沉降颗粒物的去除率在 20%～30%。

泡沫分离器在一定程度上具有分离悬浮性固体颗粒的作用，但是在实际工程应用中可能造成溶解性污染气体被携带释放，与使用泡沫分离器装置相比，使用密闭操作方式对填埋场周围区域环境积极效果更为明显。采用一个装置同时实现渗滤液被提升的目的，又收集了填埋气，还可以稳定渗滤液的出水水质，出水的悬浮物浓度得到了降低，为后续处理提供了便利，可减少后续处理设施的数量。在气提装置上增加泡沫分离器的装置结构如图 4-21 所示。

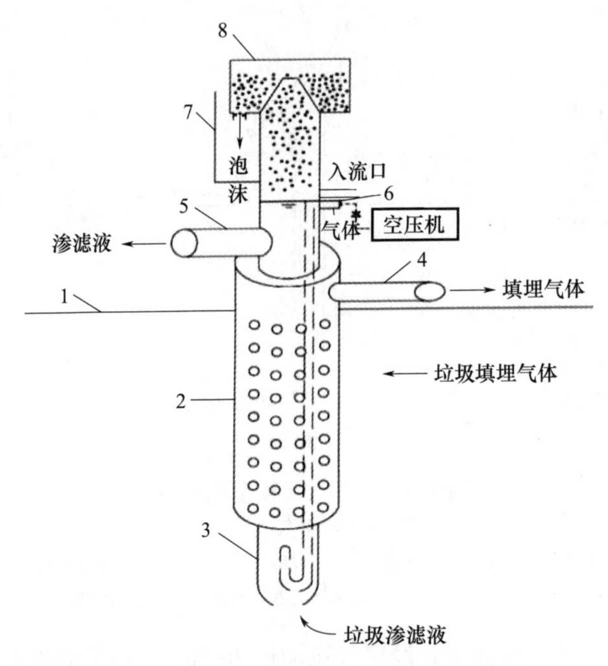

图 4-21　泡沫分离器与气提装置结合的装置结构

1—垃圾堆体；2—穿孔花管；3—升液管；4—收集气体出口；5—渗滤液出口；6—压缩气体入口；7—水位指示管；8—泡沫收集器

4.5.2　导排系统效能研究

目前尚未有针对垃圾渗滤液的气提装置性能试验，为了分析气提装置在垃圾渗滤液提升应用中的工作效能，选取气压、淹没深度、进气管径、出水管径等因素作为变量，考察该装置提升高度和出流量，探索空气提升泵的最佳运行工况。

4.5.3　渗滤液气提导排模型

气提装置对流体的输送能力与多种因素有关，关于气提装置提升工作特性方面的研究较少。1968 年 Stenning 和 Martin 利用气液的滑移率来关联气液两相特征，提出了一维模型来描述气体流量和所提升的液体流量之间的关系，Parker 从考虑喷嘴处的气体流速对液体流动的影响出发，对一维模型加以改进，并进一步得到 Khalil 试验的验证，该修正模型见式（4-11）：

$$\frac{H}{L}-\frac{1}{1+\frac{1}{S}\cdot\frac{Q_g}{Q_L}}=\frac{Q_L^2}{2gLA^2}\left[(K+1)+(K+2)\frac{Q_g}{Q_L}-2\frac{\rho_g}{\rho_L}\cdot\left(\frac{Q_g}{Q_L}\right)^2\right] \tag{4-11}$$

式中　H/L——气提泵浸没度；

S——空气流速与液体流速的比值$=V_g/V_L$，称为滑移率；

K——摩擦参数；

Q_g——提升管中气体体积流量；

Q_L——所输送的液体体积流量；

ρ_g——气体密度；

ρ_L——液体密度；

g——重力加速度；

L——气提泵的提升高度；

A——提升管的横截面面积。

某研究者通过试验发现，当浸没度小于0.4时，Parker模型对黏度较大的液体试验结果描述误差较大，不能描述黏度较大且浸没度较低的气提泵特征。另外，有研究者通过对3m以下低扬程空气提升泵性能的试验研究，分别描述了空气提升泵的提升水流量Q、与空气流量q、淹没深度h以及提升高度H之间的关系，并构建了各因素与流量之间的单因素模型。

通过依次改变空气流量、淹没深度和提升高度3个参数，分别研究它们与空气泵提升水流量之间的关系：

在淹没深度为70cm、提升高度为26cm的前提下，空气提升泵提升水流量Q与空气流量q成正比，关系见式（4-12）。

$$Q=6.4679q-23.217 \tag{4-12}$$

在空气流量为$6m^3/h$，提升高度为26cm的前提下，空气提升泵提升水流量Q随淹没深度h的增大而增大，关系见式（4-13）。

$$Q=4\times10^{-22}h^{12.315}\quad(50cm\leqslant h\leqslant70cm) \tag{4-13}$$

在空气流量为$6m^3/h$，淹没深度为70cm的前提下，空气提升泵提升水流量Q随提升高度H的增大而减少，关系见式（4-14）。

$$Q=1.1394H+51.06 \tag{4-14}$$

显然上面两种描述方式不能很好地表述本试验气提装置工作特性。

基于统计数据，利用MATLAB进行统计分析，拟合得到多元线性回归模型，见式（4-15）。

$$y=-48.75x_1+13.6625x_2+0.192646x_3+0.38857x_4-2.37x_5 \tag{4-15}$$

式中　x_1——气压（MPa）；

x_2——淹没深度（m）；

x_3——出水管管径（mm）；

x_4——进气管管径（mm）；

x_5——提升高度（m）。

4.5.4　气体导排装置CFD数值模拟

4.5.4.1　基本原理及控制方程

1. 计算流体动力学

计算流体动力学（CFD）是一种新兴的研究方向，涉及数学、流体力学和计算机等交叉学科。它利用数值模拟方法对流体问题进行分析和研究。CFD是模拟水动力学的仿真工具，在气提装置设计和模拟气提过程中的气液混合流态应用方面得到广泛应用。CFD的基本控制方程见式（4-16），CFD求解步骤见图4-22。

$$\frac{\partial(\rho\varphi)}{\partial t}+\mathrm{div}(\rho U\varphi)=\mathrm{div}(\Gamma_\varphi \mathrm{grad}\varphi)+S_\varphi \tag{4-16}$$

式中 $\frac{\partial(\rho\varphi)}{\partial t}$——时间非稳态项；

$\mathrm{div}\ (\rho U\varphi)$——对流项；

$\mathrm{div}\ (\Gamma_{\varphi}\mathrm{grad}\varphi)$——扩散项；

S_{φ}——广义源项。

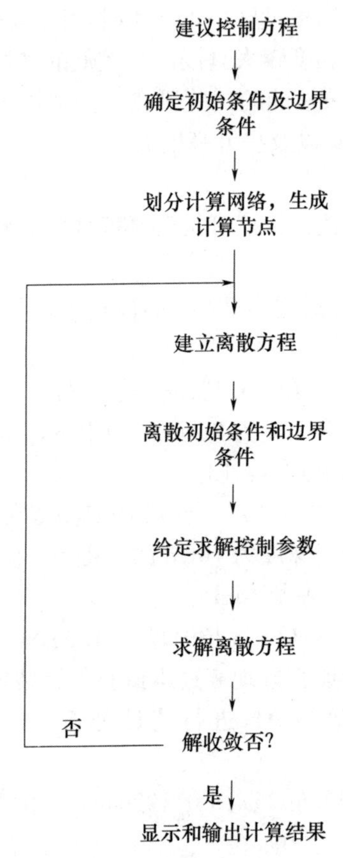

图 4-22 CFD 求解步骤

1）质量守恒方程

质量守恒方程可以描述流体运动与流体质量分布之间的关系，是流体力学中质量守恒定律的体现，均适用于自然中可见的流动，$\varphi=1$、$\Gamma_{\varphi}=1$、$S_{\varphi}=0$ 代入式（4-16）中，可得到质量守恒方程，见式（4-17）。

$$\frac{\partial \rho}{\partial t}+\frac{\partial(\rho u)}{\partial x}+\frac{\partial(\rho v)}{\partial y}+\frac{\partial(\rho w)}{\partial z}=0 \tag{4-17}$$

ρ 用于描述不可压缩的流体时，为常数，式（4-17）可进一步简化，见式（4-18）。

$$\frac{\partial u}{\partial x}+\frac{\partial v}{\partial y}+\frac{\partial w}{\partial z}=0 \tag{4-18}$$

2）动量守恒方程

结合牛顿第二定律及 Stokes 公式，推导 x、y、z 三个坐标轴速度分量的动量公式，见式（4-19）。

$$\frac{\partial(\rho u)}{\partial t}+\mathrm{div}\,(\rho u U)=\mathrm{div}\,(\eta \mathrm{grad} u)+S_u-\frac{\partial p}{\partial x}$$

$$\frac{\partial(\rho v)}{\partial t}+\mathrm{div}\,(\rho v U)=\mathrm{div}\,(\eta \mathrm{grad} v)+S_v-\frac{\partial p}{\partial y}$$

$$\frac{\partial(\rho w)}{\partial t}+\mathrm{div}\,(\rho w U)=\mathrm{div}\,(\eta \mathrm{grad} w)+S_w-\frac{\partial p}{\partial z} \tag{4-19}$$

式中，S_u、S_v、S_w 为广义源项，见式（4-20）。

$$S_u=\frac{\partial}{\partial x}\left(\eta\frac{\partial u}{\partial x}\right)+\frac{\partial}{\partial y}\left(\eta\frac{\partial v}{\partial x}\right)+\frac{\partial}{\partial z}\left(\eta\frac{\partial w}{\partial x}\right)+\frac{\partial}{\partial x}(\lambda \mathrm{div} U)$$

$$S_v=\frac{\partial}{\partial x}\left(\eta\frac{\partial u}{\partial y}\right)+\frac{\partial}{\partial y}\left(\eta\frac{\partial v}{\partial y}\right)+\frac{\partial}{\partial z}\left(\eta\frac{\partial w}{\partial y}\right)+\frac{\partial}{\partial y}(\lambda \mathrm{div} U)$$

$$S_w=\frac{\partial}{\partial x}\left(\eta\frac{\partial u}{\partial z}\right)+\frac{\partial}{\partial y}\left(\eta\frac{\partial v}{\partial z}\right)+\frac{\partial}{\partial z}\left(\eta\frac{\partial w}{\partial z}\right)+\frac{\partial}{\partial z}(\lambda \mathrm{div} U) \tag{4-20}$$

当 $S_u=S_v=S_w=0$ 时，方程可进一步简化为不可压缩流体的 N-S 方程，见式（4-21）：

$$\frac{\partial u}{\partial t}+\mathrm{div}\,(uU)=\mathrm{div}\,(\mu \mathrm{grad} u)-\frac{\partial p}{\rho\partial x}+F_x$$

$$\frac{\partial v}{\partial t}+\mathrm{div}\,(vU)=\mathrm{div}\,(\mu \mathrm{grad} v)-\frac{\partial p}{\rho\partial y}+F_y$$

$$\frac{\partial w}{\partial t}+\mathrm{div}\,(wU)=\mathrm{div}\,(\mu \mathrm{grad} w)-\frac{\partial p}{\rho\partial z}+F_z \tag{4-21}$$

2. 多相流模型

多相流是由多种相间材料组成的流动。其最明显的特征是同时存在由各种相界分隔的多种物质，相间组成由连续相或分散相组成。计算多相流最常用的两种方法为欧拉-拉格朗日法和欧拉-欧拉法。这里采用 COMSOL 软件里面的欧拉-欧拉法来进行模拟，其包括 VOF 模型、混合（Mixture）模型和欧拉（Euler）模型。

1）VOF 模型

VOF 模型是建立在固定欧拉网格下，对运动表面进行跟踪的方法。在 VOF 方法中，每个单元格存储液体相的体积分数，并能更好地预测液体相的破碎过程。该模型适用于两种或多种不可混合的流体（或相）之间存在不混溶界面的情况。该模型的相体积分数方程见式（4-22）。

$$\frac{1}{\rho_q}\left[\frac{\partial}{\partial t}(\alpha_q\rho_q)+\nabla\cdot(\alpha_q\rho_q\,\overline{v}_q)=\sum_{p=1}^{n}(m_{pq}-m_{qp})\right]+S_{\alpha_q} \tag{4-22}$$

式中 m_{pq}——相与相之间的质量；

m_{qp}——相与相之间的传递量；

α_q——在某一时间内体积分数的单元值；

ρ_q——在某一时间内密度的单元值；

v_q——在某一时间段内速度的平均值。

S_{α_q}——源项，通常 $S_{\alpha_q}=0$。

主相的体积分数可以由式（4-23）求解。

$$\sum_{q=1}^{n}\alpha_q=1 \tag{4-23}$$

二相系统中单相密度计算见式（4-24）。

$$\rho=\alpha_2\rho_2+(1-\alpha_2)\rho_1 \tag{4-24}$$

n 相系统的密度见式（4-25）。

$$\rho=\sum\alpha_q\rho_q \tag{4-25}$$

不可压缩流体的运动方程见式（4-26）。

$$\frac{\alpha(\rho U)}{\partial t}+\nabla\cdot(\rho U\times U)=-\nabla p+\nabla\times(\mu\nabla\times U)+\rho g+F_{sv} \tag{4-26}$$

式中，F_{sv} 为体积力，等价于流体表面张力。

连续性方程见式（4-27）。

$$\nabla\cdot U=0 \tag{4-27}$$

能量方程见式（4-28）。

$$\frac{\alpha(\rho E)}{\partial t}+\nabla[\overline{v}(\rho E+p)]=\nabla\cdot(k_{eff}\nabla T)+S_h \tag{4-28}$$

E 可由式（4-29）求得。

$$E=\frac{\sum_{q=1}^{n}\alpha_q\rho_q E_q}{\sum_{q=1}^{n}\alpha_q\rho_q} \tag{4-29}$$

表面张力计算式见式（4-30）。

$$F_{vol}=\sum_{pairsij,i,j}\sigma_{ij}\frac{\alpha_i\rho_i\kappa_i\nabla\alpha_j+\alpha_j\rho_j\kappa_j\nabla\alpha_i}{\frac{1}{2}(\rho_i+\rho_j)} \tag{4-30}$$

Ca 为毛细数，We 为韦伯数，计算式见式（4-31）。

$$\mathrm{Ca}=\frac{\mu U}{\sigma}$$
$$\mathrm{We}=\frac{\rho L U^2}{\sigma} \tag{4-31}$$

2）混合（Mixture）模型

混合模型可以用来计算两相流以及多相流，适用于均匀流速相以及不均匀流速相的流动。连续方程的计算见式（4-32）。

$$\frac{\partial}{\partial t}(\rho_m)+\nabla\cdot(\rho_m\overline{v}_m)=0 \tag{4-32}$$

式中，$\overline{v}_m$ 为质量平均速度，具体表达见式（4-33）。

$$\overline{v}_m=\frac{\sum_{k=1}^{n}\alpha_k\rho_k\overline{v}_k}{\rho_m} \tag{4-33}$$

式中，ρ_m 为混合密度，具体表达式见式（4-34）。

$$\rho_m=\sum_{k=1}^{n}\alpha_k\rho_k \tag{4-34}$$

式中，α_k 为第 k 相的体积分数。

综合以上公式推导出动量方程的方程式，见式（4-35）。

$$\frac{\partial}{\partial t}(\rho_m \overline{v}_m)+\nabla\cdot(\rho_m \overline{v}_m \overline{v}_m)=-\nabla p+\nabla\cdot[\mu_m(\nabla \overline{v}_m+\nabla \overline{v}_m^T)]$$
$$+\rho_m \overline{g}+\overline{F}+\nabla\cdot\left(\sum_{k=1}^{n}\alpha_k\rho_k \overline{v}_{dr,k} \overline{v}_{dr,k}\right) \tag{4-35}$$

式中，μ_m 为混合黏度，具体表达式见式（4-36）。

$$\mu_m=\sum_{k=1}^{n}\alpha_k\mu_k \tag{4-36}$$

4.5.4.2 有限元模型建立

1. 几何模型

基于 SOLIDWORKS 软件建立三维模型，并进行组装，导入 COMSOL 软件中进行适当简化，主要考虑提升管内的空气和渗滤液的混合流动情况，因此，建立几何模型，如图 4-23（a）所示。

2. 网格模型

采用四面体单元进行流体区域离散化，对流动的边界定义了边界层，以确保流体计算的精度，流体区域网格单元数量为 513587 个，网格模型如图 4-23（b）所示。

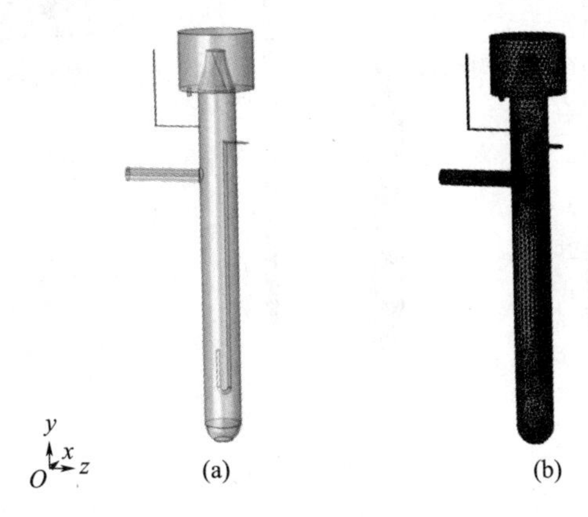

图 4-23　三维模型

（a）几何模型；（b）网格模型

3. 材料属性

渗滤液选用的材料属性为水，气体的材料属性为空气。此外，还考虑了渗滤液中的杂质颗粒，颗粒的材料属性假定为土颗粒。水、空气的密度以及黏度系数取值按照常温下的数值来选取，且假定流体流动为不可压缩的层流。

4. 边界条件

气体从空气入口处进入，入口边界为压力边界，压力条件为 0.14MPa，渗滤液入口从装置底部进入，入口边界条件为压力水头边界，水头参数定义为 1.4m，渗滤液和气体的出口边界为压力出口边界，压力条件为大气压。此外，气提装置顶部为颗粒收集装置，气体通入导管的壁面以及装置壁面都定义为无滑移流动边界以及颗粒的反射边界。

5. 计算参数

选择混合物（Mixture）模型来描述气液混合流动，以及结合两相流的水平集 Level set 方法描述气液两相流。此外，考虑颗粒的刚体模型来描述混合液中的杂质颗粒的运动过程。采用瞬态分析，求解时间域为 3s，时间步长为 0.01s，采用直接强耦合求解器，并结合非线性的牛顿迭代法进行求解，收敛因子为 0.001。

4.5.4.3 仿真结果

1. 速度场结果

当通入气体时，由于混合液的密度降低，周围环境中的渗滤液将从装置底部入口处进入，渗滤液的速度场分布云图如图 4-24（a）所示。由图 4-24（a）可知，渗滤液流动的最大速度约为 9m/s，在入口和出口处的速度较大，在出口处，渗滤液的流线较为均匀。

当考虑气体通入过程、与渗滤液的混合流动作用时，混合液的速度场分布云图如图 4-24（b）所示。由图 4-24（b）可知，气体导管内的速度较大，在入口处 0.14MPa 下，导管内的气体速度达到约 350m/s，在导管出口处与渗滤液进行混合作用，在导管出口处的流线出现涡流，如图 4-24（c）所示。可见气体和液体进行了充分的混合，在出口处的混合液流线较为均匀。

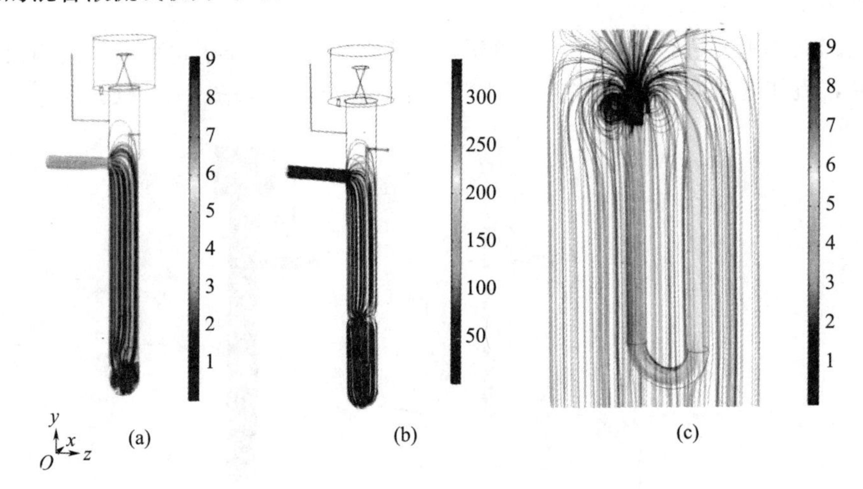

图 4-24　仿真云图

（a）渗滤液速度场分布云图；（b）混合液速度场分布云图；（c）气体导管出口处的局部放大云图

2. 压强场结果

仿真计算得到混合液的压强分布云图，如图 4-25 所示。由图 4-25 可知，气体导管入口处压强最大，为 0.14MPa，出口处的相对压强为 0。整个提升管内压强的分布除在导管出口附近有显著变化外，其他大部分区域的压强分布较为均匀。

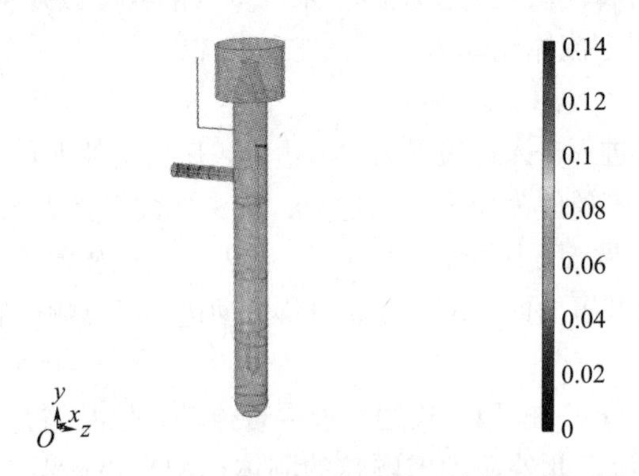

图 4-25　混合液压强分布云图（单位：MPa）

3. 液相的提升过程

采用两相流的水平集方法描述了液相和气相的相对运动分布过程，由于气体的导入，渗滤液的密度有所降低，外部的渗滤液密度较大，会从装置底部进入，从而使混合渗滤液的高度有所提升，最终从渗滤液出口处流出。仿真计算得到渗滤液高度变化的动态分布，如图 4-26 所示。由图 4-26 可知，外部渗滤液从底部进入，使混合渗滤液高度逐步提升，随着外部渗滤液的不断进入，最终达到一定的提升高度，渗滤液从出口处顺利流出，从而达到气提的效果。

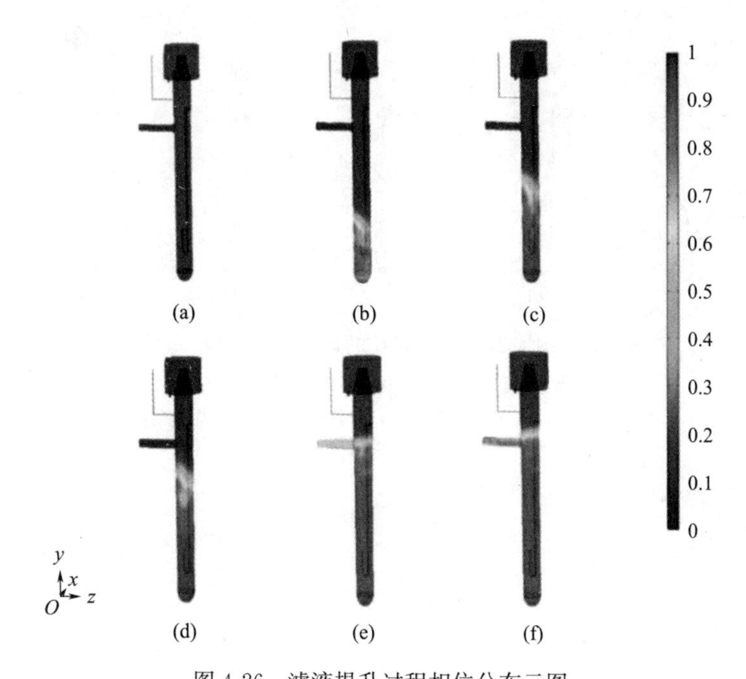

图 4-26 滤液提升过程相位分布云图

(a) t=0.5s；(b) t=1.0s；(c) t=1.5s；(d) t=2.0s；(e) t=2.5s；(f) t=3.0s

4. 混合液中杂质颗粒的收集过程

渗滤液进入过程中，往往携带着一些颗粒杂质，为模拟颗粒的运动过程，采用刚体模型描述颗粒的运动，将考虑由于混合液流场影响下颗粒的运动过程，考虑了颗粒的重力以及曳力作用，仿真计算得到杂质颗粒的运动过程，如图 4-27 所示。由图 4-27 可知，颗粒在混合液流动的作用下，从入口处不断提升运动，当碰到导管壁以及提升管内壁时，部分颗粒发生了黏附或者反射作用，大部分颗粒会随着混合液流动而运动，当颗粒接近混合液出口时，由于颗粒质量较轻，颗粒会继续有上升运动的趋势，直至运动到颗粒收集装置内停止，从而完成杂质的收集工作。

基于流体力学理论、混合液流动理论、两相流水平集理论以及颗粒刚体模型，结合有限元方法，在建立了气提装置内混合液流动、提升以及杂质颗粒收集的有限元分析模型基础上，仿真计算了渗滤液流场、混合液流场、周围混合液相位提升变化以及杂质颗粒的运动场。仿真结果反映了现有设计尺寸和参数下的气提装置能有效地完成渗滤液的提升过程以及杂质的收集过程。

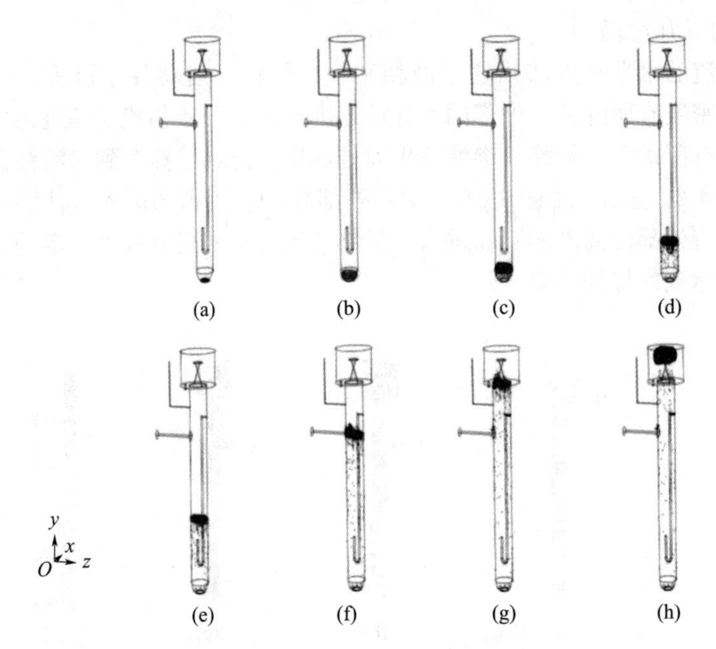

图 4-27　杂质颗粒的运动收集过程

(a) t=0.375s; (b) t=0.75s; (c) t=1.125s; (d) t=1.5s;
(e) t=1.875s; (f) t=2.25s; (g) t=2.625s; (h) t=3.0s

5　填埋气收集与处理

垃圾填埋后要进行一系列复杂的生物反应，填埋气（Landfill Gas，LFG）是其主要产物之一，填埋气的主要成分是CH_4和CO_2，CH_4含量占50%～60%，CO_2占40%～50%，其余为少量的H_2、N_2、H_2S等气体。表5-1为填埋气中各主要成分的物理性质。

表5-1　填埋气中各主要成分的物理性质

项目	CH_4	CO_2	H_2	H_2S	CO	N_2
相对密度（空气=1）	0.555	1.520	0.069	1.190	0.967	0.967
可燃性	可燃	—	可燃	可燃	可燃	—
与空气混合的爆炸极限范围（%）	5～15	—	4～75.6	4.3～45.5	12.5～74	—
臭味	无	无	—	有	轻微	无
毒性	无	无	—	有	有	无

填埋气的主要组成部分是一种高度易燃气体，即甲烷（CH_4），其能量密度约为8570kcal/m^3（1cal≈4.18J），但是，当环境中CH_4的浓度达到5%～15%时，可能导致各种危险情况，比如火灾和爆炸。此外，植物对CO_2和CH_4的感知能力相对有限，在土壤中积聚可燃气体时，可能导致植物的根系缺氧，进而对其生长产生不良影响。另外，H_2S具有一个明显的特点——在大量泄漏的地方会散发出令人难以忍受的气味；而CO_2在水中溶解后将形成碳酸，可能对地下水造成矿化作用。伴随着环境标准的提高和垃圾填埋技术的创新，卫生填埋场正在不断扩大规模，同时密封效果在持续改善，这一情况可能引起填埋气的大量排放并积累在场地内，进而导致场内压力的上升，必须采取一些措施来限制填埋气的迁移。

5.1　填埋气的主要成分

垃圾填埋场可以被看作一个大型生态系统，其主要输入物质是垃圾和水，主要输出渗滤液和填埋气。填埋气的生成是填埋场内生物、化学和物理过程共同作用的结果。填埋气是由生活垃圾在填埋场内被微生物分解产生的混合气体。LFG是微生物对垃圾堆体中可生物降解有机物进行分解而产生的，其包含氨气、二氧化碳、一氧化碳、氢气、氧化氢、甲烷、氮气和氧气等成分，还有少量的微量气体，LFG中各组分的含量见表5-2。典型填埋气温度一般在43～49℃之间，相对密度在1.02～1.06之间，高位热值在15630～19537kJ之间。LFG的成分含量会因填埋场条件、垃圾特性、压实程度和填埋温度等因素而有所变化。

表 5-2 填埋气各组分含量

种类	组分	含量
1	甲烷	30%～55%
2	二氧化碳	30%～45%
3	空气、恶臭气体和其他微量气体	少量

5.2 填埋气的产生过程

填埋气的产生是一个复杂的过程。在开始时导气管中充满空气，而垃圾渗滤液中COD浓度相对较高，氨氮浓度较低，表现出良好的生化特性，此为好氧第一阶段。中期过渡时期被称为第二阶段。第三阶段则标志着酸化进程的起始，在垃圾堆体中主要发生酸化反应，使垃圾渗滤液的水质与第一阶段时相比呈现相似之处。第四阶段是产甲烷阶段，堆体内的甲烷生成过程开始进行，厌氧产甲烷菌逐渐取得主导地位，致使CH_4气体的比例上升。与此同时，垃圾渗滤液中的有机物含量减少，而含氮物质通过厌氧分解产生的铵盐逐渐增加。因此，垃圾渗滤液的生化特性呈现下降趋势。第五阶段被称为稳定阶段，此时填埋气主要由CH_4和CO_2组成，垃圾渗滤液的生物特性较差，有机废物的生物降解速度急剧减缓，以挥发性有机酸VFT（VFC）作为衡量标准。各个阶段并不是完全独立的，它们相互作用和依赖，并且有时会发生交叉。每个阶段的持续时间取决于废物的特性、填埋场条件等因素。由于垃圾填埋时间不同，在填埋场的不同部位，各个阶段的反应同时进行。

填埋气的产量与垃圾的组分、填埋容积、填埋度、集气设备、垃圾含水量和大气温度直接相关。如果垃圾中含有大量的有机物、填埋区容积大、填埋度深、填埋场地气温高，则填埋气的产量会增加。当垃圾的含水量超过干基质量时，填埋过程中会产生大量的填埋气。当填埋温度超过30℃时，产气量也会增加。因此，在分析填埋气产量时，需要综合考虑多个因素，并根据实际情况进行详细分析。

5.3 填埋气产量预测模型及逸出检测方法

5.3.1 填埋气产量预测模型

1. 填埋气理论最大产气量估算

填埋气理论最大产气量是指垃圾中有机物全部分解后填埋气的总产量，可以用有机碳法计算。即认为垃圾中有机碳的90%转化为气态终产物，其他10%仍为生物态或惰性有机碳。例如，根据某市生活垃圾成分分析结果，经过推算可知，干垃圾中有机碳的含量约为8%，则按有机碳法1t垃圾的填埋气理论最大产气量计算式为

$$90\%\times 8\%\times 1000\times \frac{22.4}{12}=134.4\ (\mathrm{m}^3)$$

式中 22.4——气体标况摩尔体积常数；

12——碳元素的质量分数。

由此可知，该市某填埋场中每 1t 垃圾可产填埋气约为 134.4m^3。需指出的是，上述估算值指填埋场处于最佳厌氧条件下的理论最高产气量。

产气速率是指单位时间、单位质量垃圾的产气量。垃圾填埋后，厌氧条件一般在较短时间内即可形成，并达到稳定产气状态，此时产气速率最大，之后随着垃圾中有机质的分解而减少，其产气速率也随之下降，产气速率随时间的变化可以由 Monod 方程来计算，具体见式（5-1）。

$$R_t = kG_{oc}e^{-kt} \tag{5-1}$$

式中 R_t——第 t 年垃圾产气速率（$m^3/t \cdot a$）；

k——填埋气产气速率系数；

G_{oc}——垃圾理论最大产气量（m^3/t）。

其中系数 k 反映场内垃圾分解速度的大小，一般根据场内具体条件确定，根据城市建设研究院的试验结果，中国城市生活垃圾填埋气产气速率系数 k 的取值在 0.1～0.105 之间。若对某市垃圾填埋气产气速率系数 k 取为 0.102，则该垃圾填埋场产气速率估算公式为

$$R_t = 13.71\,e^{-0.102t} \tag{5-2}$$

由于垃圾的产气速率受多种因素的影响，在实际工程计算过程中，上述垃圾产气速率估算结果仅供参考，有待于垃圾填埋场的实际运营实践验证。

填埋场年产气量是指填埋场截至本年度为止累计已填入垃圾在该年产气量的总和。如某垃圾场按 14 年服务年限计算，填埋场气体年均产量可由式（5-3）和式（5-4）计算。

$$Q_T = \sum_{t=i}^{T} 13.71 W_t\, e^{-0.102t}, T \leqslant 7 \tag{5-3}$$

$$Q_T = \sum_{t=T-7}^{T} 13.71 W_t\, e^{-0.102t}, T > 7 \tag{5-4}$$

式中 Q_T——第 T 年垃圾填埋场理论最大产气量（m^3/d）；

W——第 t 年垃圾年均填埋量（t/d）。

根据填埋场各年设计垃圾填埋量，利用式（5-3）和式（5-4），可估算出填埋场运行后各年的填埋气产生量。

2. Marticorena 经验模型

该模型是针对具体的垃圾填埋场提出的，其假设垃圾是按年份分层填埋的。该模型认为各处气体的产生具有等同性和可累加性，在以年为单位的时间尺度上，一个地区的垃圾也可认为是分层分块填埋于不同处，所以将该预测模型应用于区域填埋气产生量的预测理论上是可行的。Marticorena 模型推导过程见式（5-5）～式（5-7）。

$$MP = MP_0 \exp\left(-\frac{t}{t_d}\right) \tag{5-5}$$

$$D(t) = -\frac{dMP}{dt} \Rightarrow D = \frac{MP_0}{t_d}\exp\left(-\frac{t}{t_d}\right) \tag{5-6}$$

$$F = \sum_{i}^{n} m_i D_i \Rightarrow F = \sum_{i}^{n} m_i \left[\frac{MP_0}{t_d}\exp\left(-\frac{t}{t_d}\right)\right] \tag{5-7}$$

式中 MP——时间为 t 的垃圾的特定产甲烷潜能（m^3/t）；

MP_0——新鲜垃圾的特定产甲烷潜能（m^3/t）；

t——时间（a）；

t_d——垃圾生命持续时间（a）；

D——某一层垃圾的特定年产甲烷率［m^3/（t·a)］；

F——整个垃圾场的甲烷产率（m^3/a）；

m_i——第 i 年中垃圾的质量（t）。

3. Scholl Canyon 模型

美国国家环保局制定的《城市固体废弃物填埋场标准》中提出了 Scholl Canyon 模型。该模型可以对某一时刻填入填埋场生活垃圾的填埋气产量进行计算，具体公式见式（5-8）。

$$G=ML_0\ (1-e^{-kt}) \tag{5-8}$$

式中 G——从垃圾填埋开始到第 t 年的填埋气产生总量（m^3）；

M——所填埋垃圾的质量（t）；

L_0——单位质量垃圾的填埋气最大产气量（m^3/t）；

k——垃圾的产气速率常数（1/a）；

t——从垃圾进入填埋场时算起的时间（a）。

该公式可以用于估算一定质量的垃圾在特定年份之前填埋后产生的总填埋气量。同时，该公式反映了在特定年份之前垃圾中降解的有机碳总量。公式中的 k 值可反映垃圾的降解速度，k 值越大，垃圾降解越快，因此产气持续的年限会相对较短。

5.3.2 填埋气逸出检测方法

随着社会经济的快速发展和人口的快速增加，城市所产生的垃圾数量不断上升，每年的增长率高达8%～10%。一般情况下，垃圾填埋场投入使用一年后，就会快速生成大量的填埋气。填埋气通过周围土壤或沙质土扩散，导致距离填埋场100～200m范围内的建筑物内都可以检测到浓度为5%的 CH_4 填埋气存在。

假设垃圾填埋场没有采用覆盖层和收集系统来限制填埋气的扩散，那么填埋气体有可能通过管道迁移到与填埋场相隔甚远的地方。随后，这些气体可能从地下逸出并与大气混合，导致环境有潜在的污染问题，同时可能引发意外事故。研究填埋场中气体逸散的动力学行为对保护居民和填埋场内人员的健康至关重要，不仅因为它会对大气层的温室效应带来负面影响，而且因为它可能带来潜在的风险。因此，深入理解气体在填埋场中的逸出行为对确保气体安全控制工程的设计至关重要。便携式激光甲烷检测仪结合GPS来实现 CH_4 浓度长期监测是一种常用方法。该方法是基于便携式激光甲烷检测仪结合GPS在土质覆盖层与土工膜覆盖层表面来实现 CH_4 逸出的监测，揭示了 CH_4 在这两种不同覆盖材料中的释放与分布规律。Calpuff 大气扩散软件利用拉格朗日颗粒模型来评估某地区特定填埋场中恶臭气体的扩散情况，其结合了填埋工作等区域的气体释放强度进行详细分析，以确定臭气逸散的程度。此外，滑脱效应结合有限差分法也可以对逸出填埋气进行定量研究。构建一个动态模型，以研究填埋气体的扩散行为，并采用数值离散技术来处理该模型，以揭示气体在具有滑移效应的情况下的释放行为，通过定量分析，可以深入了解气体迁移的动态分布特性。滑脱效应对气体的处理具有较大的重要性，特别是当增加气体提取的数量时，这种效应变得更加明显，因此，在制定可持续开发垃圾填埋气体资源的计划时，必须全面考虑气体滑脱效应对气体渗流过程的影响。上述方法都有助于确保垃圾填埋场的有效管理、气体控制系统的规划与运作，并为资源回收利用提供坚实的理论基础。

5.4 填埋场气体处理与利用系统

根据各地填埋场的实践经验，通过巧妙选择气体排放和收集方法，可以引导填埋气体在不需要外界干预的情况下自然而然地朝不同方向流动。此外，可以运用管道系统将气体有针对性地引导至特定位置进行燃烧释放，或者集中收集气体并加以有益利用。要想使垃圾场内不断产生的填埋气进行有组织、有效的导排，需要设计一种既能保证填埋场正常作业又能实现填埋气顺利导排的气体处理与利用系统。

5.4.1 填埋气的导排系统

为避免填埋气在填埋垃圾内积累，消除由此而来的潜在火灾及爆炸危险，应在垃圾层中设导排气系统。导气系统由垂直导气管组成，这些导气管安装在渗滤液收集管的支承上，相互之间的距离为 40m。导气管采用特制的穿孔工程塑料管，管径为 DN200mm。为了增加透气性，导气管的周围设石笼透气层，即使用铅丝网包裹级配碎石滤料（厚度为 300mm，粒径在 50～150mm 之间）。导气系统的铺设会随填埋作业的进行而逐层逐根地增高。

排气系统采用分散排放方式，也就是每根导气管都设置一根排气管，通过排气管口点燃收集到的填埋气。排气管口的高度比最终的覆盖层高出 1m（距离地面高约 6.5m），以此保证填埋气的扩散。填埋场废气的导排方式一般有两种，即主动导排和被动导排。

1. 主动导排

主动导排主要由抽气井、气体收集管、冷凝水收集井、泵站、抽风机和气体检测设备。主动导排是在填埋场内铺设一些垂直导气井或水平的盲沟，用管道将这些导气井和盲沟连接至抽气装备，然后将气体抽出来。

2. 被动导排

被动导排就是不用机械抽气设备，利用垃圾体内的气体压力来收集填埋气。填埋气体的被动收集方式分为水平收集以及竖向收集。

1）水平收集方式

将水平收集管沿着填埋场纵向层层布置，直到通过两端导气井将气体排出来，这是一种收集气体的方式。水平收集管是利用高密度聚乙烯（HDPE）或聚氯乙烯（UPVC）制成的通气性良好的管道，管道之间的水平距离通常为 50m，并且需要在其周围铺设透气性好的砾石层。这种设计适用于填埋场面积较小、形状狭长且位于平原地区的情况。垃圾填埋过程可以采用一种简便的收集方法，适用于各种不同阶段的填埋作业。

2）竖向收集方式

竖向收集井或者与横斜向收集管相结合的导排收集方式在填埋气导排方面应用较多。此方式结构相对简单、集气效率高、材料用量较少、一次性投资费用低，在垃圾填埋过程中容易实现密封。上述填埋气收集系统比较见表 5-3。

表 5-3　各种填埋气收集系统比较

收集系统类型		适用对象	优点	缺点
主动收集系统	垂直井收集系统	分区填埋的填埋场	价格比水平沟收集系统便宜或相当	在场内填埋面上进行安装、操作比较困难，易被压实机等重型机构损坏
	水平沟收集系统	分层填埋的填埋场；山谷型自然凹陷的填埋场	因不需要钻孔，安装方便；在填埋面上很容易安装、操作	底层的沟容易损坏，难以修复；如填埋场底部地下水位上升，可能被淹没；在整个水平范围内难以保持完全的负压
被动收集系统		顶部、周边、底部防透气性能较好的填埋场。只考虑防止气体向周围迁移的填埋场	安装简单、保养简便、成本低	收集效率一般低于主动收集系统

填埋气体的横向迁移和垂直迁移见图 5-1。

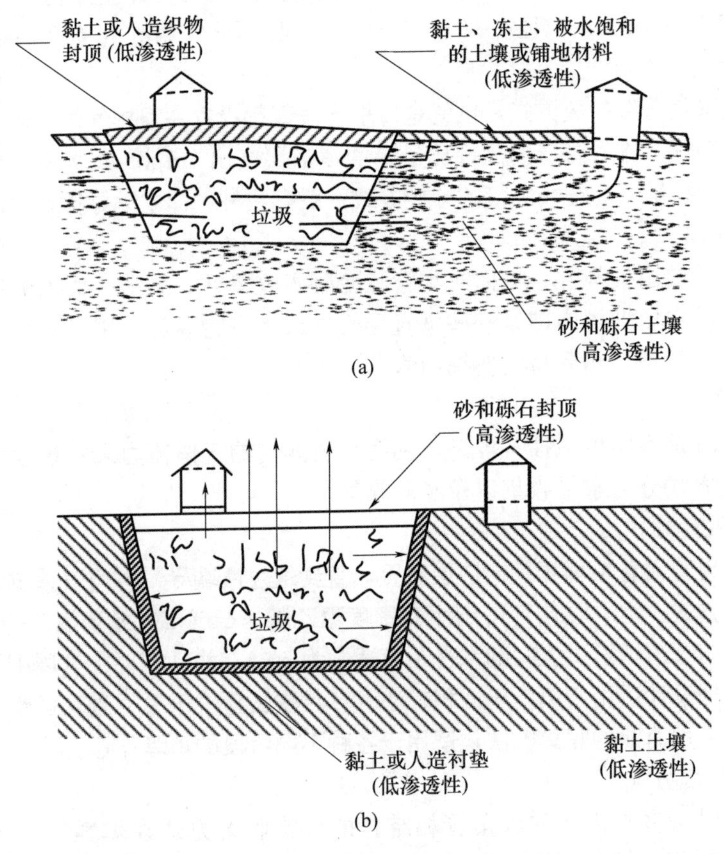

图 5-1　填埋气体的横向迁移和垂直迁移

（a）填埋气体的横向迁移；（b）填埋气体的垂直迁移

填埋场借助竖井创造了一个通风和排气的区域，同时通过竖井将渗滤液引导至场地底部，进而经过渗滤液调节池进行处理。此外，竖井为检查场地底部 HDPE 膜泄漏提供了一种可行的途径。垃圾填埋的进行是通过逐渐叠加的方式来提升竖井高度，在这个过程中，密封和竖井的垂直对齐是特别重要的。竖井系统由多个部分组成，包括多孔内管、外套管、井顶密封盖、场顶面或场内气体输气管及就地点火燃烧器等。竖井结构见图 5-2。

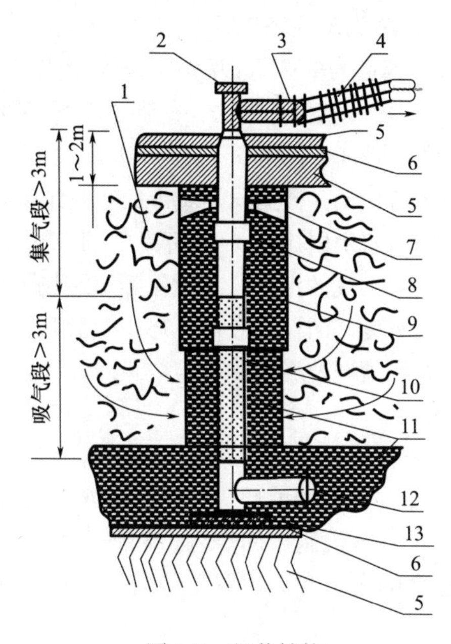

图 5-2　竖井结构

1—垃圾；2—接点火燃烧器；3—阀门；4—柔性管；5—膨润土；6—HDPE 薄膜；7—导向块；8—管接头；9—外套管；10—多孔管；11—砾石；12—排渗滤液管；13—基座土

竖井作业方式又分为竖井向上收集方式和竖井向下横斜向收集方式。

目前常见的填埋气导排方案是采用竖井向上通道进行气体收集，即气体被导向通道，并通过引导系统进行外部释放或进一步处理利用。这种竖井向上导排方案通常需要在填埋场地内建设复杂的管道网络。在进行垃圾填埋时，若立即进行井下作业，会导致已敷设在顶部的气体输送管道与垃圾填埋操作发生不协调。在科技不断进步的背景下，可以在垃圾填埋过程中立井并实现填埋气收集，不仅有效地实现气体控制，而且提高气体收集效率。这种新技术对减小环境危害有积极影响，同时最大限度地降低了填埋气的损失。

竖井向下横斜向收集方式采用与竖井向上收集相似的基本原则，但在实施方式上有一个独特的变化，即将填埋场顶部的气体输送管道转移到填埋场内，通过竖井与横斜向收集管相结合的方法来实现。采用竖井加横斜向收集气的方式，能够高效、安全地收集和管理气体排放，以免与垃圾填埋作业发生冲突。

5.4.2　填埋气的处理与资源化利用

目前，绿色环保经济可持续发展这一理念在世界上得到了高度重视，在资源开发、资源合理利用以及节约能源等方面各个国家已经达成共识，无论是从环保角度还是从能源利用角度，垃圾场填埋气的处理和利用都具备现实意义和开展价值。常见的填埋气处理与资源化利用方法如下：

1. 填埋气燃烧处理法

该方法是指在填埋气分区域集中排放的基础上增加燃烧装置（燃烧装置包括金属燃烧释放管、点火器和预制混凝土套筒），将排出的填埋气进行燃烧。填埋气的利用是一个复杂的问题，需根据填埋气的实际产生情况来确定填埋气利用的可行性及其利用方式，取决于填埋气可回收量、热值及经济性。

例如，某垃圾填埋库区总容量为 363.55 万 m^3，填埋使用年限约为 14 年，总填埋垃圾量达 434 万 t。根据 5.3.1 中填埋气估算方法，得到该填埋场理论产气量可达5.8 亿 m^3。若实际产气量为理论产气量的 30%，则实际产气量可达 1.74 亿 m^3；若气体回收率按 10% 计算，则可回收填埋气约 0.17 亿 m^3。根据同类城市的实测结果，填埋气热值可达 4500～5000kcal/m^3。若回收的填埋气全部用来发电，则可发电约 5.95×10^4 kW·h，因此，回收利用填埋气不仅可减少填埋场对大气的污染，有效保障填埋场的安全，而且是实现垃圾卫生填埋资源化的较好途径，具有良好的社会效益、环境效益和经济效益。填埋气的利用受到多种因素的影响，而且只有在填埋垃圾达到一定数量时，才具有利用价值。

2. 火炬燃放

垃圾填埋场内设置火炬装置，其作用是燃烧填埋气。在垃圾填埋场建成运行初期，常见的做法是安装一套自动排放和燃烧填埋气的火炬系统，以提升周围环境的质量。火炬的组成部分包括启动设备、点火机制、燃烧构造和管理系统等。为了确保火炬在未来的使用中获得理想效果，适合的火炬点火装置型号需要根据填埋场内填埋气的产生速率进行选择。

3. 填埋气发电

垃圾填埋气发电是可再生生物质能应用的良好途径。填埋气发电不仅可以创造经济效益，而且可以充分利用余热资源实现热电联产。国家政策也积极鼓励和倡导城市垃圾厂填埋气发电综合利用，极大地推动了行业的发展。在完成填埋气收集系统的建设之后，将各收集井所收集的填埋气通过相应的输送管道抽排至燃机厂房，然后经过渗滤液清除器、脱硫等设备除去填埋气中所含有的水分和杂物，并利用热交换器和过滤器对填埋气进行降温除尘，最后用坐风机将过滤、除尘、降温后的纯净填埋气输送至燃气发电机发电。填埋气收集、发电、送电工程工艺流程如图 5-3 所示。

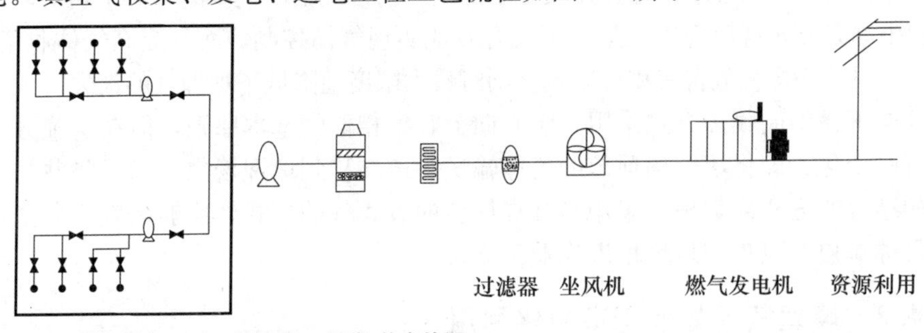

图 5-3　填埋气收集、发电、送电工程工艺流程

填埋气发电项目的建设实现了资源的有效利用，填埋气中有害的成分得到了有效去除，燃烧后的填埋气减少了温室气体的排放，降低了无组织直排的大气污染。减小运行安全隐患的同时，创造了一定的经济效益。

4. 辅助渗滤浓缩液蒸发器

垃圾场填埋气燃烧产生的热量可以给辅助渗滤浓缩液蒸发器系统提供能源，并将渗滤液进行蒸发浓缩，浓缩倍率可以达到10倍。利用该蒸发器处理垃圾渗滤液中产生的渗滤浓缩液可以降低反渗透系统的运行负荷，减少运行费用。在该系统中，浓缩液首先经过间壁式传热器预热后，进入一级蒸发器进行初步蒸发浓缩，然后进入二级蒸发器进一步浓缩。一级蒸发器产生的蒸发气体（主要包含 N_2、CO_2、水蒸气和 VOC 等）被送入二级蒸发器的燃烧室中进行燃烧，以去除其中的污染物。二级蒸发器产生的蒸发气体经过间壁式传热器和冷凝塔进行冷凝，释放的热量用于预热进入间壁式传热器的浓缩液。蒸发后的残渣被送往密闭填埋区进行处理。根据填埋场相关数据和现场测试结果，发现填埋场沼气燃烧装置所产生的有害物质浓度（如二噁英和氯化二苯呋喃等）较低，各排放指标均可达到现行的垃圾焚烧标准。浸没燃烧蒸发技术流程见图5-4。

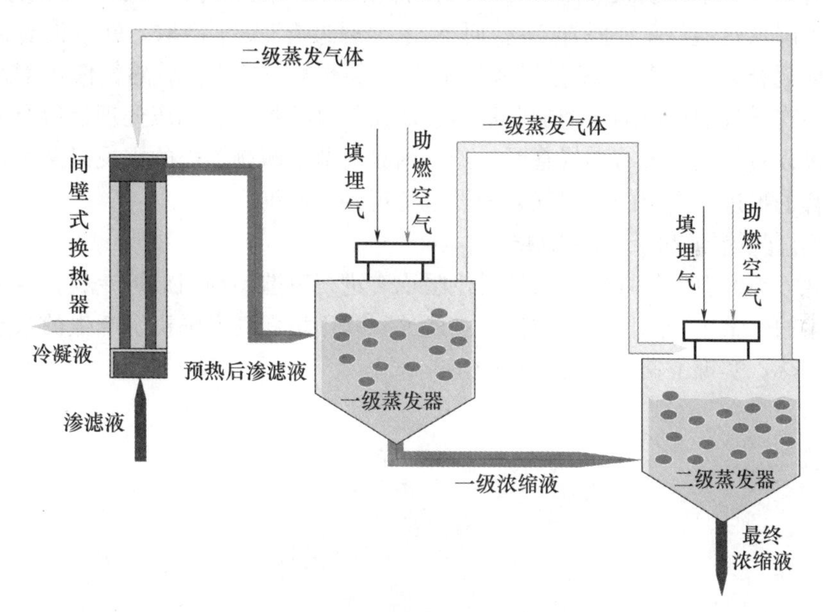

图5-4 浸没燃烧蒸发技术流程

5. 脱硫、深冷、PSA-CO_2与PSA-N_2联合工艺

填埋气燃烧发电和净化回收是对填埋气处理及利用常见的两种途径。根据产品用途不同，回收填埋气中 CH_4 有两种方式：一种是对填埋气中的 CH_4 进行提纯，再将其转化为城市煤气再利用；另一种是调节填埋气的密度和热值后直接送到城市煤气管网。由于填埋气成分复杂，并含有大量的 VOC、硅氧烷和 H_2S 等，要想回收 CH_4，需要在去除杂质组分的同时并脱除部分 CO_2，从而达到提纯 CH_4 的目的。该工艺采用脱硫、深冷、PSA-CO_2与PSA-N_2联合工艺调节垃圾填埋气的密度和热值，使之达到城市燃气的标准。装置的实际运行情况表明其具有较好的社会效益和经济效益，该工艺流程见图5-5。

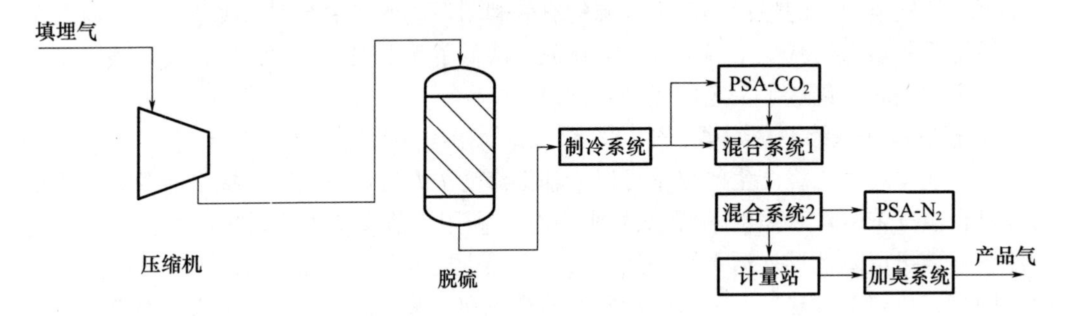

图 5-5　填埋气处理装置的工艺流程

填埋气首先通过压缩机增压系统，进入脱硫系统去除 H_2S，再进入深冷系统去除 H_2O、高碳烃和硅氧烷类。随后，一部分填埋气进入 PSA-CO_2系统达到脱除部分 CO_2的目的，从而得到低密度的脱碳气体。另一部分则进入旁路处理。这种部分处理填埋气的方式，保证高回收率的同时，增加了经济效益。

在混合系统 1 中，脱碳气体和旁路气体将被混合，生成符合要求密度的净化气体。另外，为了降低热值，需要添加 N_2。而 N_2需要通过 PSA-N_2制取，并在混合系统 2 中与净化气体混合。因为 N_2和净化气体的密度相差不大，被混合后的气体密度基本保持不变，同时产品气的产量随之增加。最后对产品气进行加臭和调压处理，符合要求的产品气体就可以直接通入城市燃气管网。随着国家对节能减排工作的重视以及填埋场的封闭改造进程的推进，类似的填埋气处理设施将得到广泛推广。

6. 采用直燃锅炉和余热供水供热

在某北方地区卫生填埋场，通过对供暖锅炉进行改造，利用锅炉专利技术将填埋气的燃烧产生的热量用于厂区的冬季供暖。此外，利用填埋气发电机组产生的余热来供应厂区的水和热，实现了资源的循环利用。

6　封场覆盖系统和地表水控制

6.1　封场覆盖系统

封场覆盖工程是整个封场工程的核心环节，控制封场后污染的关键之处就在于此。它利用覆盖层将垃圾堆体与外界环境隔离，实现防渗目标，避免垃圾臭气和雨水渗入。

封场覆盖系统有以下作用：减少外来水渗入垃圾堆体，降低垃圾渗滤液；控制填埋场臭味和可燃气体释放，以控制污染和综合利用；抑制病原菌和蚊蝇传播；防止地表径流污染，避免垃圾扩散和与人、动物直接接触；防止地表水土被污染；促进垃圾堆体稳定化；为景观表面进行美化，为植被生长提供土壤，方便再利用填埋土地。

《生活垃圾卫生填埋场封场技术规范》（GB 51220—2017）中规定了封场覆盖系统的标准结构，由垃圾堆体表面至顶表面应依次分为排气层、防渗层、排水层、植被层，见图 6-1。

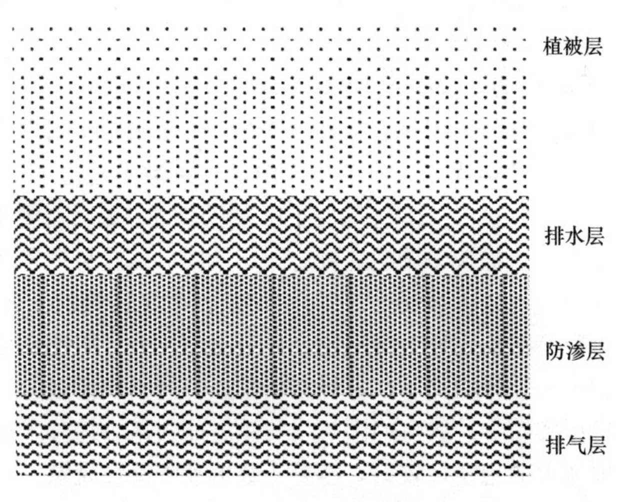

图 6-1　封场覆盖系统

6.1.1　排气层

填埋场封场覆盖系统需要设置排气层，以确保施加在防渗层上的气体压力不超过 0.75kPa。排气层厚度一般为 12 英寸（30cm）。所选材料应能抵抗垃圾堆体散发的填埋气的侵蚀，防止杂质在排气层沉积形成硬壳，影响排气性能。所以应采用粒径为 25～50mm 的粗粒多孔材料，渗透系数要大于 1×10^{-2}cm/s，厚度不少于 30cm，也可以使用具有等效导排性能的土工复合排水网作为排气层。

排气层是封场覆盖系统的最底层，关系到覆盖系统的安全稳定运行。它的主要作用是支撑整个覆盖系统，并排放垃圾分解产生的废气。根据填埋场的实际运行情况，考虑到垃圾堆体渗滤液的侧渗问题，在封场设计时应考虑边坡渗滤液的收集和导排。

6.1.2 防渗层

防渗层是最终覆盖系统中最关键的组成部分。它的作用是将水分最小化渗透到覆盖系统中，并通过提高上方各层的贮水和排水能力，再由径流、蒸腾或内部导排的方式将水分排除。此外，防渗层能控制填埋气向上迁移和渗滤液的侧渗。

目前常用于防渗层的材料包括压实黏土、土工薄膜（HDPE）和土工聚合黏土衬垫（GCL）。以下是这三种材料性能的对比情况：

压实黏土是使用历史最悠久，也是应用最多的防渗材料。它具有成本低、可就地取材、施工难度小和施工经验丰富等优点。一般情况下，施工时会铺设 30～60cm 厚的压实黏土层，这样可以减小被石子刺穿的可能性，并且不容易被植被的根系刺穿。然而，与 HDPE 膜和 GCL 相比，压实黏土的渗透系数较大，防渗性能较差。由于土方量较大，施工速度较慢，并且受施工设备的影响，如果压实程度不够，实际的防渗性能将与在实验室充分压实条件下得到的数据有很大差异。此外，黏土容易干燥，冻融收缩易产生裂缝，导致防渗性能迅速下降，且修复裂缝困难。黏土对填埋场的不均匀沉降性能要求较高，即在填埋场表面直径为 5m 的范围内，中心沉降不能超过 0.125～0.250m。然而，黏土的抗拉伸性能较差，最大拉伸形变比为 0.1%～1.0%。压实黏性土层的要求是厚度为 45～60cm，渗透系数小于 1×10^{-5}cm/s。如果单独使用压实黏土作为防渗层，则要求厚度大于 90cm，渗透系数小于 1×10^{-7}cm/s。

土工薄膜（HDPE）是目前填埋场常用的高密度聚乙烯防渗材料。它具有渗透系数小、防渗性能好和不透水性等优点。土工薄膜的渗透系数不超过 10cm/s，远低于黏土的渗透系数，施工时只需铺设 1～3mm 厚的土工薄膜即可满足防渗要求，既节约了填埋库容，又降低了施工难度、加快了施工速度。土工薄膜的抗拉伸性能优于黏土，最大抗拉伸形变比为 5%～10%，对填埋场的不均匀沉降敏感性较低。土工薄膜存在一些缺点：由于材料较薄，容易被尖锐物刺穿；聚合物会老化，并可能受到化学物质和微生物的冲击；在施工过程中，如果操作不当，焊合接缝处容易出现接触张口；抗剪切性能较差，在上层覆盖进行压实时，薄膜可能因不均匀受压而损坏。此外，根据工程实例，土工薄膜铺设在垃圾堆体上的稳定性较差，容易导致植被土滑坡现象。因此，如果选择土工薄膜，应该选择双糙面型。

土工聚合黏土衬垫（GCL）是一种近年来被广泛采用的防渗材料，通常由土工布夹一层膨润土构成。膨润土中主要含有蒙脱石等矿物质，其渗透系数非常低，并具有吸胀性。GCL 具有以下优点：对垃圾填埋场沉降的敏感性较低；相比于压实黏土，体积小、节约空间、施工量少、施工速度快且损坏后可以迅速修复。GCL 存在如下缺点：由于施工铺设的厚度较小，容易被尖锐的石子或复垦植被的根系刺穿。每卷长度较短，施工时需要进行多次搭接。对 GCL，要求厚度大于 5mm，渗透系数小于 1×10^{-7}cm/s。

防渗层可以由土工膜和压实黏土或土工聚合黏土衬垫（GCL）组成复合防渗层，也可以单独使用压实黏土层。

6.1.3　排水层

排水层需要使用高渗透性材料，以排除渗入的雨水并减少下方不透水层的水头，从而最小化覆盖系统中的水量，并排除植被营养土层中的水分。可选用粗粒多孔材料，如砂子或带有过滤层的砂砾。还可以在不透水层和排水层之间添加土工织物和土工网，或者采用土工复合材料，以增加侧向排水能力，防止水分渗入排水层后在不透水层上积聚。此外，排水层还起到保护层的作用，将不透水层与掘地动物和植物根系隔离，保护下方各层免受过度干湿交替和冰冻的影响，防止覆盖材料破裂损坏。

排水层可使用粗粒或土工排水材料，边坡则采用土工复合排水网，并与填埋库区的排水明渠相连接。排水层的目的是利用高渗透性材料将雨水或融雪水从植被层和保护层中排出。这些材料需要具备足够的导水性能，以确保施加在下层衬垫上的水头小于排水层的厚度。在施工现场，不得将土工材料以任何方式焊接到土工膜上。

6.1.4　植被层

植被层由营养植被层和覆盖支持土层组成。营养植被层的土质材料需要经过压实处理，且应有利于植被生长，厚度至少 15cm。覆盖支持土层由压实土层构成，其渗透系数应大于 1×10^{-4}cm/s，厚度至少 450cm。当选择不同的防渗材料时，应符合国家相关标准，以满足所需强度和防渗要求。此外，封场覆盖系统必须进行稳定性分析，并采取密封措施，确保垃圾堆体的封闭性。

美国环保署推荐的最少的最终覆盖层见图 6-2。其至少包括侵蚀层和防渗层。

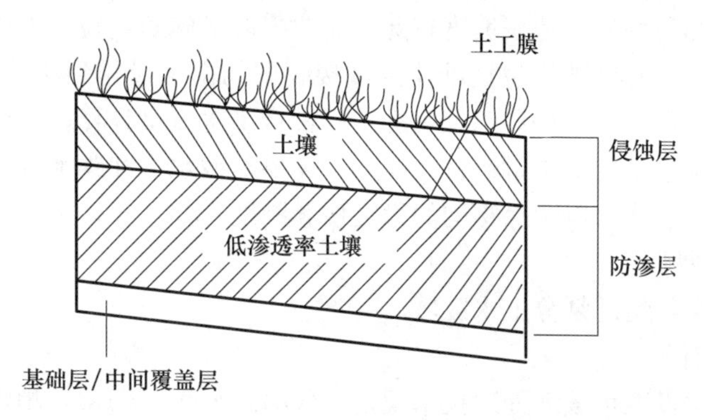

图 6-2　美国环保署推荐的最少的最终覆盖层

6.2　地表水收集与导排

随着时间的推移，我国的经济取得良好发展，对地下水环境保护的紧迫性变得日益明显。城市的快速扩张导致人口集中，使垃圾填埋场与人类活动场所紧密相邻，同时增加了防范垃圾填埋场环境风险的压力。现阶段对地下水污染过程方面的研究还存在一定限制，监测方法也有待改进，同时环境质量评估指标体系需要进一步完善。此外，对这类场所来说，没有专门针对污染风险进行防控的技术和措施，这是导致无法有效处理这些场所的主要原因之一。因此，需要深入研究与垃圾填埋场渗滤液相关的环境质量问题，探索泄漏事件对周围地下水的影响，并了解污染物在含水层中的传播和转化过程，同时准确描述它们在时间和空间上的分布情况，为填埋场封场后周边环境管理提供坚实的理论基础。

6.2.1 垃圾堆体雨水的收集排放

为了保证堆体边坡的稳定性并减少水渗入垃圾堆体，需要尽快导排覆盖层上的径流水。可以通过库区的雨水收集系统快速、有效地将水排出。

1. 平台排水沟

封场区域的雨水应被收集到场区内的排水沟中，并排入场区的雨水系统。排水沟的断面和坡度应根据汇水面积和暴雨强度确定。

为了实现平台排水沟的稳定建设，计划采用预制钢筋混凝土排水沟。该排水沟主要由预制钢筋混凝土构件组成，使用 M7.5 水泥砂浆进行砌筑，且在其上铺设雨水箅子。

2. 急流槽

各层平台排水沟收集的雨水通过急流槽。急流槽的横断面设计参考平台排水沟的经济断面。

3. 排水沟系统

经过急流槽收集的雨水最终将汇入环场排水沟，通过排水沟系统的导排，排入填埋场下游的河流。根据现场情况，对现有的环场排水沟进行修缮，以确保导排通畅。

6.2.2 地表水收集与导排工程

在垃圾填埋场封场后，地表坡度较陡，需要采取措施防止垃圾堆体区域以外的雨水进入堆体内部，还需有序地将垃圾堆体区域接收到的雨水导排到场外指定区域。同时，需要对垃圾填埋处理厂的封场和生态修复工程进行洪水流量计算，采用网状布置形式的截水沟，以确保排水系统的正常运行。此外，需要对截水沟和跌水坎进行结构设计，采用钢筋混凝土结构形式，以确保结构的稳定性和刚度，并延长排水系统的使用寿命。

1. 汇水区域划分

根据填埋场实际情况划分汇水区域。

2. 洪水流量计算

根据《生活垃圾卫生填埋处理技术规范》（GB 50869—2013），填埋场的防洪系统设计应符合国家现行标准《防洪标准》（GB 50201）、《城市防洪工程设计规范》（GB/T 50805）及相关标准的技术要求。防洪标准应按照不小于 50 年一遇洪水水位设计，并按照 100 年一遇洪水水位进行校核。

根据《给水排水设计手册》（第 5 册：城镇排水）2.4.1 节的洪流量计算方法，针对市政环卫工程汇水面积相对较小且对误差不敏感的特点，一般采用公路科学研究所的小流域经验公式。根据洪水汇流计算规范，在没有实测流量资料的地区，对汇水面积较小的流域，可以采用公路科学研究所的经验公式进行估算，见式（6-1）。

$$Q=mF \tag{6-1}$$

式中 Q——设计洪峰流量（m/s）；

F——汇水面积（km^2）；

m——面积指数。

当 $F<1m^2$ 时，$m=1$；当 $1<F<10km^2$ 时，查《给水排水设计手册》（第 5 册：城镇排水）表 6-1。

表 6-1 设计洪峰流量计算成果

区域	面积（km^2）	Q_P（m^3/s）	
		$P=0.02$	$P=0.01$
区域 1	0.059	1.55	1.86
区域 2	0.074	1.95	2.34
区域 3	0.139	3.67	4.40
区域 4	0.026	0.69	0.82
区域 5	0.075	1.98	2.37
区域 6	0.019	0.50	0.60
区域 7	0.034	0.90	1.08

3. 截洪沟布置

截洪沟采用环向截洪沟和竖向跌水坎相结合的布置方式，构建成网状排水系统，以确保雨期时周围山坡和垃圾堆体坡面的洪水能够顺利排出。截洪沟的布置与锚固平台相结合，配筋设计需要根据断面尺寸进行。考虑到垃圾堆体会长时间产生沉降，截洪沟必须具备足够的强度来抵抗沉降现象。

4. 跌水坎设计

跌水坎的设计应根据堆体整形后的竖向坡度进行。一般情况下，垃圾堆体整形后的坡度较大，属于高边坡跌水工程，当跌水高度在 3.0m 以内时可采用单级跌水，而超过 3.0m 时则宜采用多级跌水。

7 封场环境监测及影响评价

7.1 环境影响因素识别及评价因子筛选

7.1.1 环境影响因素识别

垃圾填埋场封场后的环境影响因素与影响程度识别见表 7-1、表 7-2。

表 7-1 环境影响因素与影响程度识别

<table>
<tr><th>阶段</th><th>影响要素</th><th>来源</th><th colspan="2">主要污染物组成</th><th>污染程度</th><th>污染特点</th></tr>
<tr><td rowspan="6">施工期</td><td>环境空气</td><td>垃圾堆体修坡整形工程等</td><td colspan="2">扬尘、恶臭、填埋气</td><td>较小</td><td rowspan="6">与施工同步</td></tr>
<tr><td>废水</td><td>生活废水</td><td colspan="2">COD、氨氮、总磷、总氮</td><td>较小</td></tr>
<tr><td>噪声</td><td>运输、施工机械</td><td colspan="2">噪声</td><td>较小</td></tr>
<tr><td rowspan="2">固体废物</td><td rowspan="2">生活垃圾、施工垃圾</td><td>一期工程</td><td>生活垃圾、废弃渣土、飞灰</td><td rowspan="2">较小</td></tr>
<tr><td>二期工程</td><td>生活垃圾、废弃渣土</td></tr>
<tr><td>生态环境</td><td>水土流失、植被破坏</td><td colspan="2">—</td><td>较小</td></tr>
<tr><td rowspan="5">封场后</td><td>环境空气</td><td>填埋气</td><td colspan="2">H_2S、NH_3、CH_4</td><td>较小</td><td>长期性，逐渐减弱</td></tr>
<tr><td>地下水</td><td>处理达标后的废水</td><td colspan="2">pH 值、总硬度、溶解性总固体、高锰酸盐指数、氨氮、硝酸盐、亚硝酸盐、硫酸盐、氯化物、挥发性酚类、氰化物、砷、汞、六价铬、铅、氟、镉、铁、锰、铜、锌、粪大肠菌群</td><td>较大</td><td>长期性，逐渐减弱</td></tr>
<tr><td>地表水</td><td>垃圾渗滤液</td><td colspan="2">pH 值、总硬度、溶解性总固体、高锰酸盐指数、氨氮、硝酸盐、亚硝酸盐、硫酸盐、氯化物、挥发性酚类、氰化物、砷、汞、六价铬、铅、氟、镉、铁、锰、铜、锌、粪大肠菌群</td><td>较小</td><td>长期性，逐渐减弱</td></tr>
<tr><td>固体废物</td><td>生活垃圾</td><td colspan="2">生活垃圾</td><td>较小</td><td>长期性</td></tr>
<tr><td>土壤</td><td>垃圾渗滤液</td><td colspan="2">pH 值、COD、BOD_5、色度、溶解性总固体、SS、氨氮、TP、重金属</td><td>较大</td><td>长期性，逐渐减弱</td></tr>
</table>

表 7-2 环境影响因素识别

项目		地下水	地表水	大气	声环境	水土流失
施工期	场地清理	—	—	−1	—	−1
	场地平整	—	—	−1	−1	−1
	运输	—	—	−1	−1	—
	工程建设	—	—	—	−1	—
	材料堆放	—	—	−1	—	—
封场后	废气	—	—	−2	—	—
	噪声	—	—	—	−1	—
	渗滤液	−2	—	—	—	—

由表 7-1、表 7-2 可以看出，封场施工期施工作业对建设地及其附近大气环境、声环境及生态环境会产生不利影响。此外，对当地人群的身体健康和当地的美学景观有轻微不利影响。封场后产生的废气、废水等对大气环境质量、地下水环境质量、生态环境以及社会环境等都有不同程度的影响，其中对大气环境质量和地下水环境的不利影响较为突出。

7.1.2 评价因子筛选

根据上述垃圾填埋场封场后的环境影响因素的筛选结果确定评价内容及评价因子，见表 7-3。

表 7-3 评价内容及评价因子

环境要素			评价因子
环境空气	环境质量现状评价		SO_2、NO_2、PM10、PM2.5、CO、O_3、TSP、氨、硫化氢
	污染源	施工期	TSP、氨、硫化氢、臭气浓度
		封场后	氨、硫化氢、臭气浓度
	影响分析	施工期	TSP、氨、硫化氢、臭气浓度
		封场后	氨、硫化氢、臭气浓度
水环境	地下水环境现状评价		pH 值、色度、臭味、浑浊度、肉眼可见物、总硬度、溶解性总固体、氨氮、硝酸盐、亚硝酸盐、硫酸盐、氯化物、挥发性酚类、耗氧量、氟化物、氰化物、石油类、阴离子表面合成剂、硫化物、粪大肠菌群、砷、汞、硒、铜、镉、六价铬、铅、锌、锰、铁、铝、钠、镍、铍、钡、总铬、挥发性有机物、半挥发性有机物
	地表水环境现状评价		pH 值、水温、色度、碱度、酸度、溶解氧、化学需氧量、高锰酸盐指数、五日生化需氧量、总氮、氨氮、总磷、氯化物、硫酸盐、硝酸盐、石油类、硫化物、氟化物、氰化物、挥发酚、阴离子表面活性剂、铜、锌、硒、砷、汞、总铬、镉、铅、锰、六价铬、粪大肠菌群、总大肠菌群、银、钡、钾、钙、镁
	污染源	施工期	COD、氨氮、总磷、总氮
		封场后	渗滤液（色度、pH 值、COD、BOD_5、SS、溶解性总固体和重金属）
	影响分析	施工期	COD、氨氮、总磷、总氮
		封场后	渗滤液（色度、pH 值、COD、BOD_5、SS、溶解性总固体和重金属）

续表

环境要素			评价因子
声环境	声环境现状评价		等效 A 声级
	污染源	施工期	等效 A 声级
		封场后	等效 A 声级
	影响分析	施工期	等效 A 声级
		封场后	等效 A 声级
生态环境	生态现状		植被、水土流失、土地利用
	污染源	施工期	植被、水土流失、土地利用
		封场后	生态恢复
	影响分析	施工期	植被、水土流失、土地利用
		封场后	生态恢复
土壤环境	土壤现状评价		pH 值、重金属及无机物、VOC、SVOC（半挥发性有机物）、石油烃
	污染源	施工期	—
		封场后	pH 值、重金属及无机物、VOC、SVOC、石油烃
	影响分析	封场后	pH 值、重金属及无机物、VOC、SVOC、石油烃
环境风险			垃圾渗滤液、填埋气

7.2 封场后环境影响分析

7.2.1 大气环境影响分析

填埋场封场后的大气影响评价采用《环境影响评价技术导则 大气环境》（HJ 2.2—2018）中推荐的估算模式 SCREEN3。该估算模式是一个单源高斯烟羽模式，内置了多种预设的气象组合条件，其中包括一些最不利的气象条件。需要注意的是，在某些地区可能发生这种不利气象条件。因此，借助估算模式计算得出的某一污染源对环境空气质量的最大影响程度和影响范围是保守估算的结果。最后，由所得结果进行大气环境影响分析。

7.2.2 水环境影响分析

1. 地表水环境影响分析

封场后废水主要为垃圾渗滤液，应根据产生量将垃圾渗滤液收集在一定容积的收集池内。根据相关文件以及《生活垃圾卫生填埋处理技术规范》（GB 50869—2013）的有关规定，调节池容积不应少于 3 个月的渗滤液处理量。封场后产生的渗滤液进入渗滤液处理系统处理，处理后的渗滤液应该满足《污水综合排放标准》（GB 8978—1996）三级标准限值，同时应满足当地污水处理厂进水水质要求，最终进入当地污水处理厂深度处理。

2. 地下水环境影响分析

首先根据水位动态观测知其稳定水位埋藏深度，以此来确定地下水水深。再由现场勘察获得地下水的情况及地下水监测结果。场地内地下水的补给来源主要为大气降水和侧向径流补给，其排泄方式主要为侧向径流。潜水水位季节性变化幅度为 1～2m。根据地下水监测期间量测的场地水位数据绘制地下水流场图。

由于地下水水位变化受到多种因素影响，如受枯水期和丰水期、不同时期地下水流场流向不同和人为活动的影响，可能引起局部地下水流场及流向变化。

目前，许多垃圾填埋区域地下水中硝酸盐氮、氯化物、阴离子表面活性剂、锰、铁、钠等指标存在超标，按照《中华人民共和国环境保护法》及《环境影响评价技术导则 地下水环境》（HJ 610—2016）要求，填埋场须严格采用防渗设计、雨污分流、分场填埋和及时覆盖，渗滤液池要有足够容量，保证垃圾渗滤液和填埋区积水全部回收不外泄。填埋场运营过程中产生的废水严格按照环保要求进行收集处理，运行初期这些设施可能发挥一定的防渗作用，封场后随着时间的推移，基础的不均匀沉降、防渗层老化会导致破损开裂，使污水废液渗入而造成土壤污染或地下水污染。

正常生产过程中，渗滤液调节池严格按照要求进行防渗处理，渗滤液不产生外排、渗漏等情况，故正常运营过程中的各种污染物质通常不会进入地下水体，也不会造成地下水区域污染。为了最大限度降低封场后污染物的"跑冒滴漏"现象，防止地下水污染，须按照"源头控制、末端防治、污染监控、应急响应"的原则，采取防渗措施，确保"零"排放。填埋区生产废水不外排，污染源区均采取严格防渗措施，就不会对地下水环境造成污染。

非正常状况下即污染物直接发生泄漏情况时，废水泄漏后污水进入非饱和带中，通过包气带的吸附、降解、转化作用，达到降低污染物的目的，残留的部分污染物渗入地下水中，对地下水环境造成污染。主要为突发性意外事故（包括火灾、爆炸、地震等）或防渗膜意外破损情况，会造成防渗层破坏或渗滤液池处理废水大规模泄漏，污水渗入地下。一般事故状态下须启动突发事件应急响应预案解决污染问题。

7.2.3 生态环境影响分析

对填埋场封场后的生态环境进行分析，需要根据资料收集和实地调查结果，掌握填埋地生态系统的类型和特征。填埋场封场对生态环境的主要影响如下：

1）土地利用影响

随着封场工程的实施，工程用地将由生活垃圾填埋市政用地最终成为公园绿化用地，对土地利用及其资源容量将产生有利影响。

2）土壤性质的改变

工程用地范围内原有土壤中微生物群落结构会受到不同程度的破坏，随着封场工程的实施，污染需得到有效控制，使土壤污染程度随着时间的推移逐渐降低和改善。

3）与周边景观协调性

封场绿化 5 年内逐渐对场区内进行灌木等的绿化种植，在植被搭配上和树种选择上，除了应避免选择入侵物种，避免种类单一，还要从空间布局、色彩搭配等方面力求与生态多样性景观相协调。建设单位应根据生态复垦方案，对受扰动区域进行全面的整治、绿化，改善周围景观，使填埋场及周边的生态环境逐渐恢复，这将对区域水土保持及景观美学带来一定的有利影响。

7.2.4 环境风险分析

依据国家标准《危险化学品重大危险源辨识》（GB 18218—2018）进行填埋场封场后的重大危险源的辨识。主要的物质风险识别范围：填埋场封场后产生的填埋气、垃圾渗滤液、盐酸。生活垃圾填埋场封场后产生的填埋气中含有一定量的甲烷、硫化氢，属于危险物质。填埋气是垃圾降解的最终产物，其废气量与垃圾成分和被分解的固体废物的种类有关。所产生的气体主要含有甲烷、二氧化碳、硫化氢、氨气等。气体甲烷随着垃圾填埋时间的延长而增多。若处理不当，就有可能发生危险。主要的影响有如下几点：

1. 甲烷

沼气爆炸需要满足三个不可或缺的要素：第一，甲烷浓度必须在5%～15%的特定范围内，其中在浓度为9.5%时爆炸最强烈。第二，触发甲烷燃烧所需的温度，一般认为在650～750℃之间。存在多种因素可以引发甲烷燃烧的火源，包括但不限于明火、电气火花、吸烟等。第三，沼气的爆炸极限与氧气浓度之间存在密切联系。随着氧气浓度的上升，爆炸极限的幅度将显著扩大。当氧气浓度下降至12%时，甲烷混合物将丧失其爆炸性能，即使在火源的作用下也不会发生任何爆炸。

2. 二氧化碳

填埋气中另一种占有较大比例的气体是二氧化碳。二氧化碳是无色无味气体，正常大气中二氧化碳含量为0.04%，而人体呼出气体中二氧化碳含量为呼出气体的4.2%。一般情况下二氧化碳不是有毒物质，当积聚较高浓度二氧化碳的时候，具有刺激和麻醉作用，可引起机体缺氧窒息。在低氧情况下（正常大气中含氧量20%），8%～10%浓度的二氧化碳可在短时间内引起死亡。此外，二氧化碳的相对密度较大，易溶于水，其泄漏可使水的pH值降低，地下水中的矿物质含量和硬度增大。

3. 硫化氢、氨等气体

在垃圾填埋场内，除了上述易燃、易爆和窒息性气体，还存在微量的恶臭和有害的气体，如氨和硫化氢等。垃圾中所含腐蚀物质越少，则产生的恶臭气体越少，但即使如此，它们对空气的影响依旧很大。当空气中含有微量的硫化氢，即使只是几分钟也足以致命。此外，硫化氢燃烧时会释放出具有极强腐蚀性的酸性气体，对建筑材料如混凝土造成损害，并导致植物凋谢，还可引发人体不适，如头痛和恶心等症状。综上所述，垃圾填埋场所产生的填埋气体，如不加以防范，可产生较严重的后果。其中由填埋气体（主要为甲烷）聚集或溢出引起的火灾或爆炸事故对周围环境的影响最大。

7.3 封场后环境监测方案

7.3.1 监测范围

生活垃圾卫生填埋场封场之后的环境监测主要包括以下几个方面：大气污染物监测、填埋气监测、渗滤液监测、外排水监测、地下水监测、地表水监测、填埋堆体渗滤液水位监测、场界环境噪声监测、填埋物监测、苍蝇密度监测等。

7.3.2 大气污染物监测

1. 无组织排放大气污染物监测

对无组织排放大气污染物的采样点应按《大气污染物无组织排放监测技术导则》(HJ/T 55—2000)中的要求进行相应的布设。采样频次需要满足1次/月。采样方法应按《大气污染物无组织排放监测技术导则》(HJ/T 55—2000)中的要求执行。各个无组织排放大气污染物监测项目及分析方法应按表7-4的规定执行。

表 7-4 无组织排放大气污染物监测项目及分析方法

序号	监测项目	分析方法	方法来源
1	臭气浓度	三点比较式臭袋法	GB/T 14675
2	甲烷	气相色谱法	GB/T 8984
			HJ 38
3	总悬浮颗粒物	重量法	GB/T 15432
4	硫化氢、甲硫醇、甲硫醚和 二甲二硫	气相色谱法	GB/T 14678
5	氨	纳氏试剂分光光度法	HJ 533
		次氯酸钠-水杨酸分光光度法	HJ 534
6	氮氧化物	盐酸萘乙二胺分光光度法	HJ 479
7	二氧化硫	甲醛吸收-副玫瑰苯胺分光光度法	HJ 482
		四氯汞盐吸收-副玫瑰苯胺分光光度法	HJ 483

2. 固定污染源大气污染物监测

固定污染源大气污染物的采样点的布设应按《固定污染源排气中颗粒物测定与气态污染物采样方法》(GB/T 16157—1996)的要求。采样频次为1次/月。采样方法应按《固定污染源排气中颗粒物测定与气态污染物采样方法》(GB/T 16157—1996)的要求执行。固定污染源大气污染物监测项目及分析方法应按表7-5的规定执行。

表 7-5 固定污染源大气污染物监测项目及分析方法

序号	监测项目	分析方法	方法来源
1	甲烷	气相色谱法	GB/T 8984
			HJ 38
2	臭气浓度	三点比较式臭袋法	GB/T 14675
3	硫化氢、甲硫醇、甲硫醚和 二甲二硫	气相色谱法	GB/T 14678
4	氨	纳氏试剂分光光度法	HJ 533
		次氯酸钠-水杨酸分光光度法	HJ/T 53
5	二氧化硫	碘量法	HJ/T 56
		定电位电解法	HJ 57
		非分散红外吸收法	HJ 629

3. 填埋气监测

1）填埋气监测采样点布置

填埋气安全性监测即监测空气中甲烷体积分数，采样点一般需设置在填埋工作面上2m以下高度范围内，根据工作面大小设置1～3点，点间距宜为25～30m，也可以设置在填埋气导气管排放口，或者场内填埋气易于聚集的建（构）筑物内顶部等。

2）填埋气成分监测

监测填埋气成分的采样方法应按照《环境空气质量手工监测技术规范》（HJ/T 194—2017）的要求执行。填埋气成分监测频次为1次/月。当采用开放式填埋气导排管时，应在导排管内下方距管口0.5m处设置采样点。采气期间，应尽量避免管口外环境空气混入采集的样品中；当采用密闭式填埋气收集管时，应在填埋气集中收集系统末端布设采样孔。采集使用的容器和气体量应符合相应检测方法的要求。

7.3.3 渗滤液监测

有渗滤液处理设施的采样点应布设在渗滤液处理设施入口处。无渗滤液处理设施的采样点应设在渗滤液集液井（池）。其中pH值、化学需氧量、总氮和氨氮这四种监测项目采样频次为1次/月，其他项目监测频次为1次/季度。

用采样器对渗滤液进行取样，前3次样品应弃去，用第4次样品作为分析样品。采样量和固定方法按《地表水和污水监测技术规范》（HJ/T 91—2002）中的规定执行。渗滤液的监测项目及分析方法见表7-6。

表7-6 渗滤液监测项目及分析方法

序号	监测项目	分析方法	方法来源
1	pH值	玻璃电极法	GB 6920
			CJ/T 428
2	色度	稀释倍数法	GB 11903
			CJ/T 428
3	悬浮物	重量法	GB 11901
			CJ/T 428
4	化学需氧量	重铬酸钾法	HJ 828
			CJ/T 428
		快速消解分光光度法	HJ/T 399
		真空检测管-电子比色法	HJ 659
5	BOD_5	稀释与培养法	CJ/T 428
		微生物传感器快速测定法	HJ/T 86
		稀释与接种法	HJ 505
6	总氮	碱性过硫酸钾消解紫外分光光度法	CJ/T 428
			HJ 636
		连续流动-盐酸萘乙二胺分光光度法	HJ 667
		流动注射-盐酸萘乙二胺分光光度法	HJ 668

续表

序号	监测项目	分析方法	方法来源
7	氨氮	纳氏试剂分光光度法	CJ/T 428
			HJ 535
		蒸馏-中和滴定法	CJ/T 428
			HJ 537
		水杨酸分光光度法	HJ 536
		真空检测管-电子比色法	HJ 659
		连续流动-水杨酸分光光度法	HJ 665
		流动注射-水杨酸分光光度法	HJ 666
		气相分子吸收光谱法	HJ/T 195
8	总磷	钼酸铵分光光度法	GB 11893
			CJ/T 428
		钒钼磷酸盐分光光度法	CJ/T 428
		流动注射-钼酸铵分光光度法	HJ 671
9	氟化物	离子选择电极法	GB 7484
		茜素磺酸锆目视比色法	HJ 487
		氟试剂分光光度法	HJ 488
		真空检测管-电子比色法	HJ 659
10	硫化物	亚甲基蓝分光光度法	GB/T 16489
		碘量法	HJ/T 60
		气相分子吸收光谱法	HJ/T 200
		真空检测管-电子比色法	HJ 659
11	氰化物	容量法和分光光度法	HJ 484
		真空检测管-电子比色法	HJ 659
12	总有机碳	燃烧氧化-非分散红外吸收法	HJ 501
13	可吸附有机卤素	微库仑法	GB/T 15959
		离子色谱法	HJ/T 83
14	石油类和动植物油类	红外分光光度法	HJ 637
15	锌	原子吸收分光光度法	GB 7475
		电感耦合等离子体发射光谱法	HJ 776
16	总汞	高锰酸钾-过硫酸钾消解法	GB 7469
		双硫腙分光光度法	
		原子荧光法	CJ/T 428
			HJ 694
		冷原子吸收分光光度法	CJ/T 428
			HJ 597

续表

序号	监测项目	分析方法	方法来源
17	总砷	二乙基二硫代氨基甲酸银分光光度法	GB 7485
			CJ/T 428
		原子荧光法	HJ 694
			CJ/T 428
		电感耦合等离子体发射光谱法	HJ 776
18	铅	双硫腙分光光度法	GB 7470
		原子吸收分光光度法	GB 7475
			CJ/T 428
		电感耦合等离子体发射光谱法	HJ 776
			CJ/T 428
19	镉	双硫腙分光光度法	GB 7471
		原子吸收分光光度法	GB 7475
			CJ/T 428
		电感耦合等离子体发射光谱法	CJ/T 428
			HJ 776
20	总铬	总铬的测定	GB 7467
		火焰原子吸收分光光度法	HJ 659
		电感耦合等离子体发射光谱法	CJ/T 428
			HJ/T 347.1
			HJ/T 347.2
21	六价铬	二苯碳酰二肼分光光度法	GB 7467
		真空检测管-电子比色法	HJ 659
22	粪大肠菌群	多管发酵法和滤膜法	CJ/T 428
			HJ/T 347.1
			HJ/T 347.2
		纸片快速法	HJ 755

7.3.4 外排水监测

对封场后外排水的采样点应设在垃圾填埋场渗滤液处理设施排放口。污水排放口应按照《排污口规范化整治技术要求（试行）》建设，设置符合《环境保护图形标志 排放口（源）》（GB 15562.1—1995）要求的污水排放口标志。如有多个排放口，应分别在每个排放口布设采样点。监测项目 pH 值、化学需氧量、总氮和氨氮的监测频次为 1 次/日，其他项目监测频次为 1 次/季度。通常采集瞬时外排水水样，采样量和固定方法按《地表水和污水监测技术规范》（HJ/T 91—2002）中的规定执行。外排水监测项目及分析方法应按表 7-7 的规定执行。

表 7-7 外排水监测项目及分析方法

序号	监测项目	分析方法	方法来源
1	pH 值	玻璃电极法	GB 6920
2	色度	铂钴比色法	GB 11903
3	悬浮物	重量法	GB 11901
4	化学需氧量	重铬酸钾法	HJ 828
		快速消解分光光度法	HJ/T 399
		真空检测管-电子比色法	HJ 695
5	BOD_5	微生物传感器快速测定法	HJ/T 86
		稀释与接种法	HJ 505
6	总氮	碱性过硫酸钾消解紫外分光光度法	HJ 636
		连续流动-盐酸萘乙二胺分光光度法	HJ 667
		流动注射-盐酸萘乙二胺分光光度法	HJ 668
7	氨氮	纳氏试剂分光光度法	HJ 535
		水杨酸分光光度法	HJ 536
		真空检测管-电子比色法	HJ 659
		连续流动-水杨酸分光光度法	HJ 665
		流动注射-水杨酸分光光度法	HJ 666
		气相分子吸收光谱法	HJ/T 195
8	总磷	钼酸铵分光光度法	GB 11893
		流动注射-钼酸铵分光光度法	HJ 671
9	氟化物	离子选择电极法	GB 7484
		茜素磺酸锆目视比色法	HJ 487
		氟试剂分光光度法	HJ 488
		真空检测管-电子比色法	HJ 659
10	硫化物	亚甲基蓝分光光度法	GB/T 16489
		碘量法	HJ/T 60
		气相分子吸收光谱法	HJ/T 200
		真空检测管-电子比色法	HJ 659
11	氰化物	容量法和分光光度法	HJ 484
		真空检测管-电子比色法	HJ 659
12	总有机碳	燃烧氧化-非分散红外吸收法	HJ 501
13	可吸附有机卤素	微库仑法	GB/T 15959
		离子色谱法	HJ/T 83
14	石油类和动植物油类	红外分光光度法	HJ 637
15	锌	原子吸收分光光度法	GB 7475
		电感耦合等离子体发射光谱法	HJ 776

续表

序号	监测项目	分析方法	方法来源
16	总汞	高锰酸钾-过硫酸钾消解法双硫腙分光光度法	GB 7469
		原子荧光法	HJ 694
		冷原子吸收分光光度法	HJ 597
		冷原子荧光法	HJ/T 341
17	总砷	二乙基二硫代氨基甲酸银分光光度法	GB 7485
		原子荧光法	HJ 694
		电感耦合等离子体发射光谱法	HJ 776
18	铅	双硫腙分光光度法	GB 7470
		原子吸收分光光度法	GB 7475
		电感耦合等离子体发射光谱法	HJ 776
19	镉	双硫腙分光光度法	GB 7471
		原子吸收分光光度法	GB 7475
		电感耦合等离子体发射光谱法	HJ 776
20	总铬	总铬的测定	GB 7466
		电感耦合等离子体发射光谱法	HJ 776
21	六价铬	二苯碳酰二肼分光光度法	GB 7467
		真空检测管-电子比色法	HJ 659
22	粪大肠菌群	多管发酵法和滤膜法	HJ 347.1
			HJ 347.2
		纸片快速法	HJ 755

7.3.5 地下水监测

封场后应根据填埋场水文地质条件，以及时反映地下水水质变化为原则，布设地下水监测系统：

（1）本底井：宜设在填埋场地下水流上游，距填埋堆体边界 30～50m 处。

（2）排水井：宜设在填埋场地下水主管出口处。

（3）污染扩散井：宜设在垂直填埋场地下水走向的两侧，距填埋堆体边界 30～50m 处。

（4）污染监视井：宜设在填埋场地下水流向下游，距填埋堆体边界 30m 处一眼、50m 处一眼。

当按照上述位置要求布设监测井时，井的位置如超出填埋场的边界，则应将监测井点位调回填埋场边界之内。当在上述位置打不出地下水时，可将距离填埋场最近的现有地下水井作为填埋场的地下水监测井。采样频次应按照《生活垃圾填埋场污染控制标准》（GB 16889—2008）中的要求执行，采样方法应按《地下水环境监测技术规范》（HJ/T 164—2020）中的要求执行。地下水监测项目及分析方法见表 7-8。

表 7-8 地下水监测项目及分析方法

序号	监测项目	分析方法	方法来源
1	pH 值	玻璃电极法	GB 6920
			GB/T 5750.4
2	总硬度	EDTA 滴定法	GB 7477
		原子吸收分光光度法	GB 11905
		乙二胺四乙酸二钠滴定法	GB/T 5750.4
3	溶解性总固体	称量法	GB/T 5750.4
4	高锰酸盐指数	酸性高锰酸钾滴定法	GB/T 5750.7
			GB 11892
5	氨氮	纳氏试剂分光光度法	GB/T 5750.5
			HJ 535
		水杨酸盐分光光度法	GB/T 5750.5
			HJ 536
		气相分子吸收光谱法	HJ/T 195
		真空检测管-电子比色法	HJ 659
		连续流动-水杨酸分光光度法	HJ 665
		流动注射-水杨酸分光光度法	HJ 666
6	硝酸盐氮	紫外分光光度法	GB/T 5750.5
		离子色谱法	GB/T 5750.5
			HJ 84
		酚二磺酸分光光度法	GB 7480
		真空检测管-电子比色法	HJ 659
		气相分子吸收光谱法	HJ/T 198
7	亚硝酸盐氮	重氮偶合分光光度法	GB/T 5750.5
		分光光度法	GB 7493
		真空检测管-电子比色法	HJ 659
		离子色谱法	HJ 84
		气相分子吸收光谱法	HJ/T 197
8	硫酸盐	铬酸钡分光光度法	GB/T 5750.5
			HJ/T 342
		硫酸钡烧灼称量法	GB/T 5750.5
		重量法	GB 11899
		离子色谱法	GB/T 5750.5
			HJ 84
9	氯化物	硝酸银滴定法	GB/T 5750.5
			GB 11896
		离子色谱法	GB/T 5750.5
			HJ 84

续表

序号	监测项目	分析方法	方法来源
10	挥发性酚类	4-氨基安替比林分光光度法	GB/T 5750.4
			HJ 503
		流动注射在线蒸馏法	GB/T 8538
		气相色谱-质谱法	HJ 744
11	氰化物	异烟酸-吡唑酮分光光度法	GB/T 5750.5
		异烟酸-巴比妥酸分光光度法	GB/T 5750.5
			HJ 484
		流动注射在线蒸馏法	GB/T 8538
		真空检测管-电子比色法	HJ 659
12	砷	原子荧光法	GB/T 5750.6
			HJ 694
		电感耦合等离子体质谱法	GB/T 5750.6
		二乙基二硫代氨基甲酸银分光光度法	GB 7485
		电感耦合等离子体发射光谱法	GB/T 5750.6
			HJ 776
13	汞	原子荧光法	GB/T 5750.6
			HJ 694
		冷原子吸收分光光度法	HJ 597
		冷原子荧光法	HJ/T 341
		电感耦合等离子体质谱法	GB/T 5750.6
14	六价铬	二苯碳酰二肼分光光度法	GB/T 5750.6
			GB 7467
		真空检测管-电子比色法	HJ 659
15	铅	原子吸收分光光度法	GB/T 5750.6
			GB 7475
		电感耦合等离子体质谱法	GB/T 5750.6
		电感耦合等离子体发射光谱法	GB/T 5750.6
			HJ 776
16	氟	离子色谱法	GB/T 5750.5
			HJ 84
		离子选择电极法	GB 7484
		真空检测管-电子比色法	HJ 659
17	镉	原子吸收分光光度法	GB/T 5750.6
			GB 11911
		电感耦合等离子体质谱法	GB/T 5750.6
		电感耦合等离子体发射光谱法	GB/T 5750.6
			HJ 776

续表

序号	监测项目	分析方法	方法来源
18	铁	原子吸收分光光度法	GB/T 5750.6
			GB 11911
		电感耦合等离子体质谱法	GB/T 5750.6
		电感耦合等离子体发射光谱法	GB/T 5750.6
			HJ 776
19	锰	原子吸收分光光度法	GB/T 5750.6
			GB 11911
		电感耦合等离子体质谱法	GB/T 5750.6
		电感耦合等离子体发射光谱法	GB/T 5750.6
			HJ 776
20	铜	原子吸收分光光度法	GB/T 5750.6
			GB 7475
		电感耦合等离子体质谱法	GB/T 5750.6
		电感耦合等离子体发射光谱法	GB/T 5750.6
			HJ 776
21	锌	原子吸收分光光度法	GB/T 5750.6
			GB 7475
		电感耦合等离子体质谱法	GB/T 5750.6
		电感耦合等离子体发射光谱法	GB/T 5750.6
			HJ 776
22	总大肠菌群	多管发酵法	GB/T 5750.12
		滤膜法	
		酶底物法	

7.3.6 地表水监测

封场后地表水监测的采样点应设在填埋场场界内地表水的排放口处。应每季度采样1次。雨期每次暴雨后需及时采样进行监测。采样方法应按《地表水和污水监测技术规范》(HJ/T 91—2002)中的要求执行。地表水监测项目及分析方法见表7-9。

表7-9 地表水监测项目及分析方法

序号	监测项目	分析方法	方法来源
1	pH值	玻璃电极法	GB 6920
2	色度	铂钴比色法	GB 11903
		稀释倍数法	
3	悬浮物	重量法	GB 11901

续表

序号	监测项目	分析方法	方法来源
4	化学需氧量	重铬酸钾法	HJ 828
		快速消解分光光度法	HJ/T 399
		真空检测管-电子比色法	HJ 659
5	总氮	碱性过硫酸钾消解紫外分光光度法	HJ 636
		连续流动-盐酸萘乙二胺分光光度法	HJ 667
		流动注射-盐酸萘乙二胺分光光度法	HJ 668
		气相分子吸收光谱法	HJ/T 199
6	挥发酚	4-氨基安替比林分光光度法	HJ 503
		气相色谱-质谱法	HJ 744
7	硝酸盐氮	离子色谱法	HJ 84
		酚二磺酸分光光度法	GB 7480
		真空检测管-电子比色法	HJ 659
		气相分子吸收光谱法	HJ/T 198
8	亚硝酸盐氮	分光光度法	GB 7493
		真空检测管-电子比色法	HJ 659
		离子色谱法	HJ 84
		气相分子吸收光谱法	HJ/T 197
9	硫化物	亚甲基蓝分光光度法	GB/T 16489
		碘量法	HJ/T 60
		气相分子吸收光谱法	HJ/T 200
		真空检测管-电子比色法	HJ 659
10	总大肠菌群	纸片快速法	HJ 755

7.3.7 场界环境噪声监测

封场后，对厂区内环境噪声监测的采样点布设应按照《工业企业厂界环境噪声排放标准》（GB 12348—2008）中5.3的规定执行。采样监测频次为1次/月。对噪声项目的监测，分析方法为采用噪声监测仪直接测量，其仪器性能不应低于现行《电声学 声级计 第1部分：规范》（GB 3785.1）的要求。

7.3.8 填埋物监测

对封场后填埋物的监测，采样方法按照《生活垃圾采样和分析方法》（CJ/T 313—2009）中4.4.3的规定执行。采样频次为1次/月。填埋物的主要监测项目为密度、物理组成和含水率。其中垃圾密度的分析方法按照《生活垃圾采样和分析方法》（CJ/T 313—2009）中的规定执行；垃圾物理组成分析方法按照《生活垃圾采样和分析方法》（CJ/T 313—2009）中6.2的规定执行；垃圾含水率分析方法按照《生活垃圾采样和分析方法》（CJ/T 313—2009）中6.3的规定执行。

7.3.9 苍蝇密度监测

对封场后苍蝇密度监测，采样点布设应依据填埋作业区面积及特征确定监测点数量和位置，应在作业面、临时覆土面、封场面设点，宜每隔 30～50m 设 1 点；每个面不应少于 3 点，在每个监测点上放置诱蝇笼诱取苍蝇。根据气候特征，在苍蝇活跃季节，一般 4—10 月宜监测 2 次/月，其他时间宜监测 1 次/月。采样应在晴天进行，日出时将装好诱饵的诱蝇笼离地 1m 放在采样点上，日落时收笼，用杀虫剂杀灭活蝇，再一并计数。将采集的苍蝇以每笼计数，计数单位为只/（笼·d)。

填埋场封场工程属于环境保护工程，运营期本身不产生废水、废气、噪声及固废污染，通过对填埋场填埋气焚烧处理可有效减少大气污染物排放，封场后垃圾渗滤液逐渐减少，绿化工程实施对周围生态环境有明显改善作用。封场工程对周围环境的影响为正面影响，但在封场后垃圾稳定化过程中仍有填埋气和垃圾渗滤液产生。

填埋场气体主要分为两类，即主要气体和微量气体。主要气体中的 CH_4 在空气中的浓度在 5%～15%之间时会发生爆炸；微量气体中的部分气体是有毒气体，会对公众造成一定危害。垃圾堆场封场后，噪声主要是渗滤液水泵抽排以及渗滤液处理系统风机、泵产生的噪声，噪声值在 75～90dB（A）之间。将设备置于地下，在采取有效的降噪措施，经噪声距离传播衰减后，场界噪声值≤50dB（A）。垃圾填埋场封场后，产生固体废物，主要为定期巡查和维护人员产生的生活垃圾，产生量少，集中收集后定期清运处置。

8　封场后资源化利用及管理措施

8.1　生态修复

填埋场封场工程属于环境保护项目，运营期本身不产生废水、废气、噪声及固废污染，通过对填埋场填埋气焚烧处理可有效减少大气污染物排放，封场后垃圾渗滤液逐渐减少，绿化工程实施对周围生态环境有明显改善作用。封场工程对周围环境的影响为正面影响，但在封场后垃圾稳定化过程中仍有填埋气和垃圾渗滤液产生，会给周围环境带来影响，比如渗透液对周边土壤的污染，产生的臭气对周边环境的污染等，这些问题都会给周边居民的生活产生一定的不良影响。因此，需要采取水吸附法和通风及表面临时膜覆盖（物理）法、生物过滤和吸收（生物）法、化学洗涤和臭氧氧化（化学）法、喷洒除臭剂、周边种植绿色植物等方法对臭气、渗透液等进行有效处理，以达到修复填埋场及周边生态的目的，为周边居民提供一个健康、安全的生活环境。

8.1.1　封场后植被恢复

封场工程中的绿化工程旨在降低填埋场对外界环境的影响，最大限度地恢复土地价值。在填埋场封场绿化时，需要考虑对各种设施的影响，确保植物的种植不会对防渗层、排水层和气体收排设施造成危害，也不会影响这些设施的正常维护和使用。在填埋场封场初期，可以选择生命力强、生长迅速的“固基”类草本植物，如葱兰和马尼拉草，以加速堆体的稳定。在植被恢复前期，可以种植一些对环境适应能力较强的乔灌类植物，如香根草、石榴和夹竹桃，不仅改善原有的单一草本植物景观，而且能促进土壤改良。在植被恢复的中后期，可以结合当地的生态规划和开发规划，按照区域功能进行不同的绿化设计。由调查和搜集的资料可知，我国垃圾填埋场在植被恢复方面存在以下问题：

（1）绿化不及时，导致堆体边坡受雨水侵蚀。与岩质边坡相比，垃圾堆体的土质边坡易裸露、结构较松散且保水性较差，不易固定。如果不能及时进行有效的固坡绿化，容易发生崩塌、滑坡和水土流失等现象。尤其是在未封场时的暴雨时期，雨水冲刷侵蚀边坡，导致冲沟形成，土方随水冲入坡底并积聚，不仅破坏堆体边坡，而且堵塞排水沟渠，严重情况下可能引发下陷和坍塌的危险。

（2）绿化植物种类单一，生物群落不稳定。目前我国填埋场堆体绿化通常只是简单覆盖或种植草皮，所选植物主要是草坪植物或牧草。这使景观效果单调，而且这些植物的抗旱和抗虫害能力有限。一旦遭遇自然灾害或虫害等情况，植物容易大面积死亡。

（3）大量种植外来物种，较少应用本土植物。这种做法在长期考虑中存在问题。一方面，外来物种可能因为气候、疾病和环境等不适应因素而产生病虫害、生长缓慢和自然死亡等问题。另一方面，失去其在原生长地的一些控制因素（在原生长地可能是其种群数量的关键因素）可能导致外来物种的种群数量迅速增长，从而可能给填埋场所在地的生态系统带来植物物种入侵的后果，进而危及当地其他物种的生存和繁殖。

（4）绿化建植和维护成本较高。垃圾堆体边坡由于多种原因造成缺土、缺水和缺肥等问题，某些植株很难适应。然而，为了达到期望的绿化效果和生态效益，需要频繁施肥和加强灌溉，这大大增加了成本。此外，由于草种成活率低以及填埋场的特殊植物生长条件，通常很难达到期望的绿化效果，甚至可能出现草皮退化的情况，这就需要重新建植，增加了成本，并导致恶性循环。

8.1.2 填埋场封场后场地的特殊性分析

封场后的填埋场与一般场地相比具有以下特殊性：

（1）安全要求不同，需要考虑防火安全和填埋气收集处理系统的安全和维护等因素。

（2）场地功能不同，封场后的主要工作是后续管理，确保填埋场达到安全稳定状态。土地利用必须不影响后续管理工作，保证封场工程的作用发挥。

（3）土层厚度不同，根据规范要求，植被层应采用营养土，厚度应根据种植植物的根系深浅确定，不应小于 15cm。实际工程中，营养土层厚度受制约，一般较薄（通常为 0.15～1.0m），难以满足大乔木的生长要求。

（4）场地蓄排水条件不同，封场覆盖层设计了防渗层、排水层和可供种植植物的营养土层。这种结构对水分传导有重要影响，例如，防渗层隔断了水分的纵向传导，排水层能快速排出自然降水。

由于封场后的场地具有以上特殊性，封场绿化工程设计和施工必须兼顾安全、生态和景观等多个目标。

8.1.3 封场绿化设计的目标和原则

依据《生活垃圾卫生填埋处理技术规范》（GB 50869—2013），封场设计的最终目的是减少封场后的维护工作量，有效保护公众健康和周边环境，并充分利用填埋场地的土地效益，应满足以下封场绿化设计的原则：

（1）服务于填埋场土地利用目标原则。封场后，填埋场从垃圾收纳功能转变为新的土地利用功能。根据不同的土地利用方式，绿化设计必须因地制宜，以满足场地使用功能。

（2）景观规划先行原则。景观规划先行是园林绿化设计的惯例。在确定场地利用目标的前提下，通过景观规划来实现土地利用目标。这种方法的优点是能够同时考虑土地利用和景观设计的近期和远期目标，协调场地功能和景观之间的关系，提高场地的综合价值，避免临时绿化和后续改造带来的经济损失。为确保封场覆盖系统的完好，应避免再次进行大范围地形调整。因此，在封场设计时，必须按照景观规划方案进行垃圾堆体整形，并在符合设计要求后进行覆盖系统施工。

（3）水土保持原则。填埋场封场绿化工程的首要功能是水土保持。因此，需要选择具有良好水土保持效果的绿化覆盖材料，并进行合理的场地排水设计和施工，以防止绿化后出现水流侵蚀现象。

（4）安全便利原则。填埋场场地绿化需要考虑对各种设施的影响。植物的种植不应对防渗层、排水层、沼气收集设施等造成危害，也不能影响这些设施的正常维护和使用。在设计时，重点考虑安全和便利因素。

（5）经济性原则。绿化工程实施后，需要长期投入资金进行维护。如果设计不当，会增加后续维护管理的负担。由于填埋场地的特殊性，土层较薄、蓄水能力较低且地势较高，绿化维护费用中水费支出较多。选择耐旱植物可以节约水费开支，选择低维护费用的绿化植被有助于降低后续管理维护费用。

8.1.4 封场绿化的前期准备

垃圾填埋场封场后绿化工作的前期准备主要包括绿化植物的选择、定位放线、土壤处理和苗木栽植四个方面。

1. 绿化植物的选择

对抗逆性强的植物，需要根据影响堆体绿化和生态恢复的因素进行选择，限制植物生长的主要因素是土壤中的填埋气，特别是有机垃圾厌氧分解产生的二氧化碳和甲烷。甲烷存在于土壤中会排挤氧气，导致植物根系缺氧，使主根干枯、腐烂或影响次级根的生长。二氧化碳会改变土壤酸性，破坏周围植被。此外，垃圾渗滤液中的重金属和其他污染物会破坏土壤功能结构，影响植物的生长。然而，垃圾中富含氮、磷、钾等营养元素，可以促进植物生长。种植的植被反过来可以改良土壤、保持土壤水分、减少重金属含量，并加速土壤中有害物质的降解。

在填埋场的堆体绿化和生态恢复过程中，考虑到节约成本，选择本土植物是一个可观的选择。本土植物已经长期适应当地的自然生长环境，通常具有较强的抗逆性，并且不存在外来植物“生态入侵”的担忧。此外，本土植物的种子和苗木价格相对较低，因为它们易于存活并且维护成本相对较低，包括建植、施肥、喷药和浇灌等方面。因此，在填埋场的堆体绿化和生态恢复中，应尽量选择本土植物，谨慎采用外来植物。

另外，在填埋场封场绿化中，也可以选择多种植物类型组合进行建植。其中草本植物是最常用的选择。虽然草本植物成本低且能够在短期内生长并存活，但由于其根系较浅，固坡和水土保持效果不明显。在遇到大暴雨等极端天气时，填埋场堆体边坡容易受到侵蚀。此外，草本植物的单一种类过多，可能导致灾害如气候变化、病虫害等造成大面积死亡的情况发生。为了避免上述问题，并为填埋场及周边居民提供多样化的植物景观，建议考虑采用多种植物类型的组合建植模式。这包括乔木、灌木和草本植物的组合，以达到更好的绿化和生态恢复效果。使用多种植物类型可以增强固坡和水土保持效果，并提供更多层次的植物景观。

2. 定位放线

定位放线是根据设计要求，在苗木种植的层次上准确确定位置，并在种植穴中标明中心点位置，种植槽中标明边线。在放线过程中，如果遇到大型石方等特殊情况，需要灵活处理，适当调整苗木之间的距离。

3. 土壤处理

苗木能否健康生长和土壤质量有直接关系，故需要借助相关设备和采取添加种植土、施基肥等相关措施，对土壤中的透气性、水分保持能力、孔隙度、酸碱度、透水性等进行检测和改善，在此过程中，要结合分析结果选择合适的种植土和基肥，保证它们的质量和施入量，同时要保证地形的平整度。

整地挖穴是改善土壤物理性质的有效方法。采用定位放线法将放好的线进行挖掘（“品”字形），灵活调整行距和株距，挖出的土堆于穴的周围，并放置一定的时间，经过自然暴晒杀死土壤中的有害细菌，让土壤变得更加成熟，以此提升土壤的抗性。在施肥方面，首先需要逐个地块全面释放磷肥，经过验收组验收合格后才能施加化肥。对释放复合肥的穴位，要控制数量，以确保在3d内能够完成回土工作，避免复合肥暴露时间过长而损失肥效。回土是指将穴周围经过暴晒的土填回穴中，并要对所填土壤中的磷肥和复合肥含量进行检测，要保证与相关要求相符后才能进行回土。回土时，先将表土与基肥按一定的比例进行充分混合并均匀撒入穴底，然后将剩下的土填入穴中，在填入的过程中要挑出杂物和石砾，从而保证土壤的肥力，为幼苗的生长提供足够的营养。

4. 苗木栽植

苗木先浸透水后种植，以确保成活率。

封场后绿化的抚育管理涉及的领域较多，需要结合自身的实际，并遵循环境卫生、造林工程、园林景观和水土保持等造林与园林绿化工程的相关规范，可以将其看成一门综合性很强的实践性学科。也可以按照相关的规范进行填埋场的封场绿化与管理，保证绿化质量和效果达标，这样才能为周边居民营造出一个安全健康的生活环境。

8.2 垃圾封场后土地再利用

生活垃圾填埋场土地的再利用通常采用原址复绿的方式，即对填埋场进行复绿，运用无害化治理措施和技术来控制污染物，实现生态恢复。再利用途径包括农业用地、林业用地和景观化改造。农业和林业用地注重经济效益，而景观化改造则综合考虑生态、环境和社会效益。不同填埋场的条件和周边环境各异，选择适宜的再利用途径需结合填埋场自身情况。

需要特别说明的是，生活垃圾填埋场在稳定化过程中不适合作为建筑用地。城市生活垃圾具有复杂结构和较松散的特点，且具有高压缩性。由于填埋技术设备等限制，大多数填埋场中的生活垃圾在填埋前未经预处理，如焚烧或高压打包。因此，在填埋场封场后，垃圾会发生一系列生化反应，产生大量填埋气和垃圾渗滤液，垃圾堆体会发生不均匀沉降，直至最终达到稳定状态。垃圾堆体的不均匀沉降会削弱地基的稳定性，影响房屋质量。因此，在垃圾堆体的沉降彻底完成之前，不适宜在其上建设永久性建筑。

综上，生活垃圾填埋场封场后土地的再利用途径见图8-1。

几种垃圾填埋场封场后再利用途径的优缺点比较见表8-1。

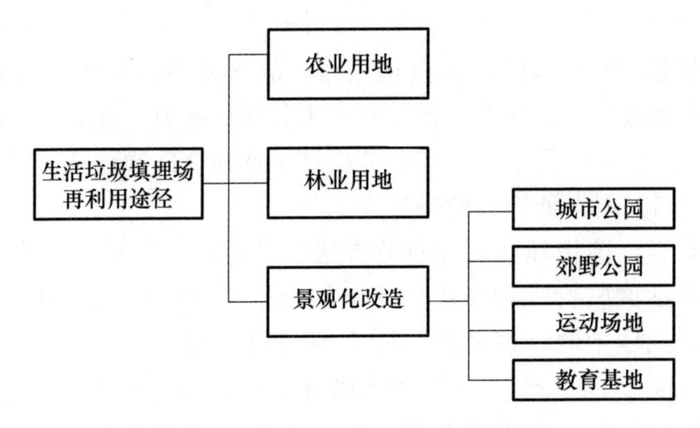

图 8-1　生活垃圾填埋场再利用途径

表 8-1　几种垃圾填埋场封场后再利用途径的优缺点比较

开发途径	优势	劣势
农业用地	①缓解耕地压力； ②可以结合景观化改造建设为农业景观	①需要较高质量的覆盖土层，恢复成本较高； ②需要严格的污染防治和控制系统； ③周边地块已成为城市用地
林业用地	①对土壤要求相对不严； ②具有一定的经济效益； ③具有潜在的旅游开发价值和景观价值	①受城市规划限制，有一定的局限性； ②垃圾填埋场会对作物的生长产生影响，不能在短期内获得经济利益
景观化改造	①改变人们对垃圾填埋场传统的看法，在解决生态效益的同时获得社会效益； ②提供大面积的公共活动空间； ③可以与自然保护、林业等其他用途结合	①需严格控制污染和场地沉降对公众的潜在威胁； ②经济方面的收益较少； ③公众可能对潜在的污染威胁怀有戒心

8.2.1　农业用地

在牢牢守住 18 亿亩耕地红线的情况下，将废弃的垃圾填埋场转化为农业用地具有重要的社会和经济价值。这种做法可以缓解耕地压力，并解决垃圾填埋场的环境问题。然而，需要指出的是，这种转化过程的恢复成本较高。在受污染的土地上种植农作物涉及食品安全问题，因此对场地进行恢复需要大量资金，并且需要严格的污染物控制系统和防治措施。此外，恢复的周期较长，后期对场地的监测和管理也需要高度重视。另外，部分垃圾填埋场位于接近市区的位置，将其改造为农业用地不一定符合城市的发展需求。因此，将垃圾填埋场改造为农业用地并不适合大范围推广，这种转化方式需要谨慎考虑，并根据具体情况进行决策。

8.2.2　林业用地

考虑到垃圾填埋场多位于城市边缘，将其恢复为城市的防护林带或其他城市林业用地是一个不错的选择。这种改造可以增加城市的绿地率，提升城市环境质量。林业用地对土壤的要求不高，大面积的植被也有助于场地的生态恢复。此外，林业用地能为城市带来一定的经济效益，并具有潜在的景观开发价值。需要注意的是，将垃圾填埋场改造为林业用地会使其用途相对单一。是否进行这种改造还受到城市规划发展的影响。因此，这种转化方式并不适用于所有情况，而是需要根据具体的城市规划和发展需求来进行决策。

8.2.3 景观化改造

在垃圾填埋场的改造案例中，最常见的方式是将其转变为城市公园、运动场地、教育基地等公共休闲娱乐空间。这种景观化改造是目前最常见且成功率最高的再利用方式。通常，这种改造方式适用于封场后的正规生活垃圾填埋场。对非正规垃圾填埋场，需要进行整治、改造和封场，以符合规范要求后才能进行景观化改造。

8.3 垃圾封场后应急管理措施

施工过程和封场恢复期存在一定的风险，主要环境风险有渗滤液泄漏及非正常排放、填埋气发生火灾爆炸、垃圾堆体滑坡和沉降等，但这些事故发生概率较小，只要建设和管理单位能按风险防范措施进行严格管理，制定相应的应急预案和减缓措施，就可以降低环境风险事故的发生和减小事故造成的环境污染和损失。

1. 填埋气体扩散应急管理措施

在封场后，如果发现填埋气体出现扩散情况，应当连续监测填埋区域内气体的成分和浓度，并定期监测周边地区情况，设置集气井。一旦发现填埋气迁移至场外并存在安全隐患，应及时疏散人员。同时利用抽气装置减少气体的聚集，防止发生爆炸等事故。

2. 渗滤液泄漏污染地下水应急管理措施

在封场后的垃圾填埋场监测过程中，如果发现渗滤液对地下水造成污染，可以采取以下措施进行控制和维护：

1）防渗墙和帷幕墙：通过建设防渗墙和帷幕墙来限制渗滤液向地下水的扩散。防渗墙通常采用土工合成材料、混凝土等隔水层构筑物，而帷幕墙则是通过钻孔注浆等方法形成的垂直屏障。这些措施可以有效地阻止渗滤液的传输。

2）水质恢复井：运行水质恢复井可以限制或切断填埋场对被污染地下水的转移。这些井通常会将受污染的地下水抽出并进行处理，以恢复水质。

3）原位生物修复技术：利用微生物的生物降解作用，在原位或残留部位对受污染的水体进行现场处理。这种技术可以促进有害物质的降解，从而防止垃圾填埋场对地下水资源的污染。

这些方法适用于填埋场底部有较好隔水层的含水层污染情况。在实施时，需要根据具体情况选择合适的措施，并进行监测和维护以确保其效果。严格按照《生活垃圾填埋场污染控制标准》（GB 16889—2008）的要求，加强对地下水的监测，掌握地下水污染情况，根据实际情况采取加强渗滤液导排等应急措施。填埋场应制定包括监测、报警以及对垃圾堆场截洪沟的查询制度。每年汛期之前，完成截洪沟的整修，确保雨水外排的畅通无阻；在有大雨、暴雨预报时，尽量抽渗滤液收集池内的积液，保障足够的容量，确保不发生收集池不足的情况，避免溢流排放。

3. 火灾爆炸风险防范措施

1）设置导气排放系统，严格按《生活垃圾卫生填埋处理技术规范》（GB 50869—2013）的要求设置填埋气导排系统，对导气管进行定期检查，若发现导气管被堵塞或出现破损情况，要及时疏通或更换。

2）安装气体检测系统，使其涵盖填埋场四周，甲烷气体的含量在填埋场区和建（构）筑物内分别不能超过5%和1.25%。若超过，系统会报警，提醒采取应急措施。

3）构建完善的消防治理体系，指定专人负责各项消防器材的管理，包括消防水池、风力灭火机、消火栓、干粉灭火器等，并对其定期进行检查、更换、维修等；填埋场周围设置醒目的警示牌，如"禁止明火"，并安装防火隔离带；如果发生火灾，要立即通知消防部门，同时撤离和疏散周围人群。

4）建立完善的人员培训和演习机制，填埋场的就业人员需定期参加消防知识和技能的培训。同时要定期开展演习，以提高所有人员的实践操作能力。

4. 减小垃圾堆体滑动或沉降危险的防范措施

垃圾中的有机组分持续较长时间的降解过程，导致垃圾堆体的自然压缩与沉降。为减小垃圾堆体滑动或沉降风险带来的损失，应采取以下措施：

1）整形时应分层压实垃圾。垃圾层作为整个封场覆盖系统的基础，主要功能是尽量减小不均匀沉降，防止覆盖层物料进入垃圾堆体表面，为封场覆盖系统提供稳定的工作面积和支撑面积。

2）整形与处理过程中，应采用低渗透性的覆盖材料进行临时覆盖。

3）在垃圾堆体整形作业过程中，挖出的垃圾应及时回填。由垃圾堆体不均匀沉降等原因造成的裂缝、沟坎、空洞等问题应充填密实。

4）根据现场勘探，垃圾堆体填埋过高会影响后续封场覆盖层的施工，需要进行堆体整形压实后方能进行后续工作。

5）在垃圾堆体上部设沉降观测点，定期进行相对标高和相对角度观测，以随时掌握垃圾堆体沉降情况，由不均匀沉降形成的裂隙应及时填充密实。

6）加强对垃圾场的表面位移监测，以及时掌握堆体边坡的滑移范围，同时应进行深层侧向位移监测，为垃圾堆体边坡失稳及滑移面深度鉴别提供依据。

附录　专家打分信息

指标层	堆体边坡坡度 c_1	单元堆体厚度 c_2	堆体高度 c_3	防“四害”作用 c_4	填埋压实程度 c_5	堆体组分含量 c_6	渗沥液导排系统 c_7	当地降雨量 c_8
a_1	4	2	2	4	3	2	9	2
a_2	6	1	2	3	3	2	9	4
a_3	7	4	1	2	3	4	9	3
a_4	7	5	2	3	4	3	9	2
a_5	6	3	3	3	2	4	9	4
b_1	8	5	4	4	7	5	8	3
b_2	6	4	5	3	6	6	7	4
b_3	7	6	3	2	8	5	6	3
b_4	7	5	5	2	8	5	8	3
b_5	7	5	3	4	6	4	6	2

参考文献

[1] 戴伟华．渗沥液收集系统的设计［J］．有色冶金设计与研究，2003，24（3）：82-84，93.

[2] 隋继超，黄少伟，方志成，等．卫生填埋场堆体沉降问题分析［J］．绿色科技，2012（8）：175-179.

[3] 王佳伟．张家口崇礼山区旅游区供水系统风险评估与管理［D］．保定：河北农业大学，2016.

[4] 徐育华．垃圾填埋场渗滤液处理工艺比较研究［J］．环境与发展，2017，29（6）：2.

[5] 陈亮．生活垃圾填埋场封场设计要点思考［J］．环境卫生工程，2014，22（2）：15-17，21.

[6] 娄春雨．微孔曝气氧化沟气液两相流水力特性的数值模拟研究［D］．西安：西安理工大学，2021.

[7] 常有锋，唐杰．人工湿地在城市垃圾渗滤液处理中的应用［J］．西安文理学院学报（自然科学版），2013，16（3）：88-92.

[8] 刘诗尧，杨坪．现代卫生填埋场渗滤液收集系统导排层阻塞作用研究［J］．环境工程，2015，33（11）：125-128.

[9] 易凯．榕江县城生活垃圾卫生填埋处理工程渗滤液收集与处理系统设计［J］．贵州化工，2011，36（1）：40-42，50.

[10] 张立强，徐洋．层次分析法在加强工程建设安全管控中的应用［J］．石油库与加油站，2021，30（2）：15-19.

[11] 李武，李鹏，徐金妹．垃圾渗滤液的水质特性及处理技术［Z］.

[12] 施宇震，施永生，张先斌．城市生活垃圾渗滤液处理工程设计［J］．中国水运（下半月），2019，19（5）：99-100.

[13] 中华人民共和国住房和城乡建设部．生活垃圾卫生填埋场岩土工程技术规范：GJJ 176—2021［S］．北京：中国建筑工业出版社，2012.

[14] 林仞．福州市红庙岭渗滤液调节池抽排系统提升改造实例［J］．科学技术创新，2021（26）：187-188.

[15] 郑世忠．福州市红庙岭垃圾填埋场封场覆盖工程实例［J］．海峡科学，2007（6）：15-16.

[16] 尹钿源．浅谈城市垃圾填埋场的封场处理［J］．四川建材，2020，46（11）：2.

[17] 席磊，陈旭东．垃圾卫生填埋场的填埋气和渗滤液处理及综合利用［J］．中国给水排水，2008，24（14）：55-60.

[18] 郑建川，张崇海，冯良兴，等．一种垃圾填埋气处理新工艺的应用［J］．天然气化工（C_1 化学与化工），2019，44（6）：76-78.

[19] 吴晓烽，周明，刘光辉，等．卫生填埋场沉降特性与实例分析［J］．科技创新与应用，2014（6）：21-21，22.

[20] 王松林，廖利，吴学龙，等．填埋场封场覆盖技术及其工程质量控制［J］．环境科学与技术，2006，29（7）：3.

[21] 黄庆浩．城市生活垃圾卫生填埋场建设中存在的问题及对策［D］．深圳：深圳大学，2006.

[22] 吴健萍．简析生活垃圾卫生填埋场封场设计［J］．环境卫生工程，2011，19（3）：3.

[23] 吴淳．厌氧-好氧工艺处理生活垃圾填埋场的渗滤液［J］．污染防治技术，2008，21（2）：3.

[24] 朱道平．城市生活垃圾填埋场填埋气体的产气影响因素探讨［J］．城市建设理论研究（电子版），2012（22）：1-6.
[25] 侯莉．济南市生活垃圾填埋场封场探讨［Z］.
[26] 中华人民共和国住房和城乡建设部．生活垃圾填埋场填埋气体收集处理及利用工程技术规范：CJJ 133—2009［S］．北京：中国建筑工业出版社，2010.
[27] 陈丽．生活垃圾填埋场封场主要影响因素分析［D］．武汉：华中科技大学，2013.
[28] 刘庆斌．中水回用中的MBR［J］．广西轻工业，2007，23（9）：91-92.
[29] 厦门爱科圣实验室系统工程有限公司．一种便捷的微波水处理设备：CN202022572267.1［P］．2021-07-16.
[30] 唐霖．浅谈垃圾填埋场渗滤液处理技术进展［J］．化学工程与装备，2018（5）：3.
[31] 蒋丽娟，钮春全，陈丽莎，等．两级DTRO工艺处理垃圾渗滤液工程实践［J］．环保科技，2020，26（4）：13-17，30.
[32] 王磊．生态封场技术在非正规垃圾堆放场治理中的应用［J］．节能与环保，2021，000（3）：83-84.
[33] 郭一令，周五一，苏艳芝，等．低扬程空气提升泵的工作特性［J］．青岛理工大学学报，2013，34（3）：71-74.
[34] 刘晓宇，张全红．北京市生活垃圾填埋气体收集处理现状与对策［J］．环境卫生工程，2011，19（6）：26-28.
[35] 王霄峰．包头市东河区生活垃圾卫生填埋场（旧场）封场方案设计［D］．呼和浩特：内蒙古大学，2017.
[36] 邹特．长沙市固体废弃物处理场渗沥液处理项目的管理策划研究［D］．长沙：湖南大学，2008.
[37] 曹丽娜．城市生活垃圾填埋场渗滤液回灌处理研究［D］．西安：长安大学，2006.
[38] 刘导明，张璐，王磊，等．机械蒸发处理垃圾渗滤液的试验研究［J］．工业安全与环保，2018，44（4）：89-91.
[39] 魏颖，白佳伦．垃圾填埋场封场地表水收集与导排工程设计探讨［J］．绿色科技，2022，24（6）：237-239.
[40] 汪腾英．城市垃圾填埋场渗漏水的控制与处理［J］．黑龙江科技信息，2009（23）：53.
[41] 孟繁宇．城市居住用地生态适宜性评价体系及方法的研究［D］．哈尔滨：哈尔滨工业大学，2009.
[42] 张原鹏．农村住宅环境改造理念研究［Z］.
[43] 周敬超．三峡库区开县垃圾卫生填埋场工程设计［J］．水利水电快报，2002，23（13）：16-19.
[44] 季方．简易垃圾填埋场污染土壤修复工程设计方案：以仙居县湾陈简易垃圾填埋为例［D］．杭州：浙江工商大学，2017.
[45] 农佳莹，李瑞华，何秀萍，等．南宁市城南生活垃圾卫生填埋场渗沥液改造工程进水水量和水质设计参数确定［J］．环境卫生工程，2012，20（2）：1-3.
[46] 中华人民共和国生态环境部．地下水环境监测技术规范：HJ/64—2020［S］．北京：中国环境科学出版社，2020.
[47] 杨茂．序批式生物反应器垃圾填埋特性的研究［D］．北京：北京工业大学，2006.
[48] 刘海廉．生活垃圾填埋场渗沥液处理量与调节池容积探讨［Z］.
[49] 中华人民共和国住房和城乡建设部．生活垃圾卫生填埋场运行维护技术规程：CJJ 93—2011［S］．北京：中国建筑工业出版社，2011.
[50] 山西大学．基于改进的PSO-RBF算法的边坡稳定性预测方法：CN202010729020.8［P］．2020-

11-10.
[51] 南京南林电子科技有限公司．一种自动测量蒸发量的系统：CN202121310104.4［P］．2022-01-11.
[52] 王震宇．基于能源化和资源化利用的太湖蓝藻厌氧发酵的研究［D］．合肥：安徽农业大学，2008.
[53] 侯业祥．煤制烯烃中废水处理工艺概述［J］．内蒙古石油化工，2021，47（9）：52-54.
[54] 王显苏．山东胜邦柯林瑞尔管道工程有限公司项目融资研究［D］．青岛：中国海洋大学，2012.
[55] 蒋荣东．浅谈钼酸铵分光光度法测定水中总磷的经验［J］．环境，2008（Z1）：1，5.
[56] 李菊娜．生活垃圾处理方式选择及环境影响：以乌海市为例［D］．呼和浩特：内蒙古大学，2013.
[57] 山西格润时代工程机械有限公司．一种用于电动装载机组装的吊装装置：CN202121220925.9［P］．2021-11-30.
[58] 杨娜，何品晶，吕凡，等．我国填埋渗滤液产量影响因素分析及估算方法构建［J］．中国环境科学，2015，35（8）：2452-2459.
[59] 刘磊．垃圾填埋气体热释放传输的动力学规律研究［D］．阜新：辽宁工程技术大学，2009.
[60] 黄新军．垃圾填埋场对农地土层及地下水影响预测研究［D］．保定：河北农业大学，2016.
[61] 刘淑金．几种常见地板燃烧特性实验与热解可燃气体成分研究［D］．徐州：中国矿业大学，2015.
[62] 佚名．危险化学品安全卫生数据介绍：甲烷［J］．安全、健康和环境，2004，4（1）：2.
[63] 中华人民共和国住房和城乡建设部．生活垃圾卫生填埋处理技术规范：GB 50869—2013［S］．北京：中国建筑工业出版社，2013.
[64] 邹晔，张彦斌，李勇刚，等．用于下水道或化粪池的防爆除臭装置：CN201410340826［P］．2023-07-05.
[65] 张敏杰．垃圾渗滤液处理技术研究进展［J］．科技资讯，2017，15（27）：100-101.
[66] 申佩佩，李志学，郝卓君，等．太行山区农村供水系统风险评价模型的建立［J］．河北水利，2021（7）：34-35.
[67] 上海恒方防腐工程有限公司．一种毛面压实滚筒：CN201922395271.2［P］．2020-10-23.
[68] 刘春．生活垃圾填埋场环境监测［J］．厦门科技，2007（5）：11-13.
[69] 李湛江，周少奇，肖文，等．新建垃圾填埋场填埋气体发电利用规划及实践［J］．中国沼气，2007，25（4）：19-22.
[70] 薛梅，韩洪军，马文成，等．一种新型的污水处理系统：分散式污水处理［Z］．
[71] 陈轶．头孢菌素C生产废水特征及其处理工艺初探［J］．海峡科学，2007（6）：13-15.
[72] 中华人民共和国国家质量监督检验检疫总局，中国国家标准化管理委员会．生活垃圾卫生填埋场环境监测技术要求：GB/T 18772—2017［S］．北京：中国标准出版社，2017.
[73] 莫宇晴，梅瑜，张春，等．高浓度石油废水处理技术研究［J］．黑龙江科技信息，2015（19）：119.
[74] 济南上华科技有限公司．一种可消除DTRO导流盘应力的冷却装置：CN202122203994.5［P］．2022-02-01.
[75] 郑宪忠，卢华，春玲．生活垃圾填埋场渗沥液收集系统的设计思路探讨：以莱芜市铜山生活垃圾卫生填埋场为例［J］．中国建设信息，2010（15）：68-69.
[76] 晋华明．某县城市生活垃圾卫生填埋应用及研究［D］．西安：长安大学，2011.
[77] 张晓娟．西藏天明置业公司品牌竞争力评价及提升策略研究［D］．北京：对外经济贸易大学，2021.

[78] 何连生，赵勇胜．填埋场环境影响评价决策支持系统的研究和开发［J］．新疆环境保护，2002，24（1）：4.
[79] 申靖宇．压缩机气阀装配机器人的结构设计和分析研究［D］．沈阳：沈阳理工大学，2018.
[80] 张旋洲，杨晖，何青松，等．北京市安定生活垃圾卫生填埋场填埋气收集制天然气工程应用［J］．环境卫生工程，2017，25（5）：4.
[81] 朱锋．垃圾填埋场渗滤液处理工艺介绍［J］．城市建设理论研究（电子版），2013（22）．
[82] 岳秀．垃圾渗滤液的预处理方法及其机理研究［D］．长沙：湖南大学，2011.
[83] 王铁军，张金利．填埋场渗滤液收集管水力半径的计算［J］．山西建筑，2009，35（26）：148-149.
[84] 海腾霞．有关化学沉淀法去除垃圾渗滤液中的氨氮的实验研究［J］．化工管理，2016（29）：267.
[85] 马祥义．土工膜覆盖在生活垃圾卫生填埋场的应用研究［D］．北京：北京工业大学，2014.
[86] 刘光明．填埋气体的污染特性及回收利用措施［Z］．
[87] 宛丽娟．铜陵市横冲流域土壤质量动物学指标研究［D］．芜湖：安徽师范大学，2018.
[88] 辽宁建兴建设工程有限公司．一种可调角度的推土机：CN202120492134.5［P］．2021-11-30.
[89] 陈丽．生活垃圾填埋场封场主要影响因素分析［D］．武汉：华中科技大学，2013.
[90] 吴浩．准好氧填埋单元试验研究及渗滤液收集系统设计初探［D］．成都：西南交通大学，2004.
[91] 陈杰．钛基复合催化剂对零价汞催化氧化的研究［D］．上海：上海交通大学，2011.
[92] 郭希，李佳，陈弹霓．垃圾渗滤液输送系统堵塞的研究进展［J］．广东化工，2019，46（6）：142-143.
[93] 石大安，黄荣荣．垃圾渗滤液处理综述［Z］．
[94] 郑州青城环境保护技术有限公司．一种生物工程类污水高效全自动集成处理系统：CN202110330474.2［P］．2021-07-02.
[95] 郑得鸣．基于MBR的渗沥液处理标准和导则编制研究及工程应用分析［D］．武汉：华中科技大学，2012.
[96] 隋继超，黄少伟，方志成，等．卫生填埋场垃圾堆体应力历史研究［J］．环境卫生工程，2012，20（6）：40-44.
[97] 王辉，黄建东，郑尧．填埋场封场绿化工程设计与应用［J］．环境卫生工程，2006，14（1）：3.
[98] 史玲．济南市生活垃圾填埋场的污染问题及防治方法［Z］．
[99] 钟招煌，李新冬，李海柯，等．MBR技术在垃圾渗滤液处理中的应用［J］．人民珠江，2022，43（3）：45-53，76.
[100] 中石化新星双良地热能热电有限公司．一种地热水回灌除砂系统：CN201921850173.7［P］．2020-08-07.
[101] 曾宪毅．基于卓越绩效模式下精益规划研究：以客户服务中心为例［J］．管理观察，2019（17）：18-20.
[102] 王琬丽．有机固废协同热转化机理与实验研究［D］．杭州：浙江大学，2023.
[103] 薛强，冯夏庭，梁冰．垃圾填埋气体渗流过程中压力分布的滑脱解［J］．应用数学和力学，2005，26（12）：1470-1478.
[104] 裴建国．北方小城镇垃圾填埋场设计与优化［D］．石家庄：河北科技大学，2010.
[105] 文桥森．垃圾填埋场绿化种植及养护探究：以某垃圾场造林绿化工程为例［J］．城市建设理论研究（电子版），2012（22）：1-4.
[106] 国务院办公厅．国务院办公厅关于印发“无废城市”建设试点工作方案的通知［Z］．

[107] 肖电坤．垃圾填埋场好氧降解稳定化模型及其应用［D］．杭州：浙江大学，2022.
[108] 张恒．人工湿地处理城镇垃圾渗滤液的应用基础研究［D］．西安：西安建筑科技大学，2020.
[109] 查尔．垃圾渗滤液深度处理技术研究［D］．上海：上海交通大学，2010.
[110] 曾苏，赵珏，傅大放．硝基苯降解菌在厌氧序批式反应器中处理硝基苯废水的应用［J］．环境化学，2002，21（6）：576-580.
[111] 佛山市绿能环保有限公司，佛山水务环保股份有限公司，清华大学．一种老龄垃圾渗滤液处理装置：CN202020488497.7［P］．2020-11-17.
[112] 中华人民共和国工业和信息化部．“十四五”工业绿色发展规划［J］．上海环境科学，2021，40（6）：265-276.
[113] 陈勇．破解垃圾围城之困［J］．城乡建设，2011（5）：6-10.
[114] 刘可卿．垃圾填埋气深度净化技术研究［D］．南京：南京大学，2023.
[115] 李存弟．简易垃圾填埋场综合治理研究［J］．资源节约与环保，2016（7）：156-157.
[116] 张彤童．济南市生活垃圾填埋气体收集发电研究［D］．济南：山东大学，2012.
[117] 刘兰兰．AF-HFBM 组合工艺处理三羟甲基丙烷及丁辛醇废水［D］．上海：华东理工大学，2015.
[118] 蒙明富．磷石膏堆场渗滤液产量预测研究［D］．贵阳：贵州大学，2016.
[119] 高艳娇，黄继国，陈鸿汉，等．生物接触氧化-电絮凝工艺处理垃圾渗滤液研究［J］．环境科学与技术，2006，29（3）：92-93.
[120] 王铁军．垃圾填埋场渗滤液收集系统排水性能研究［D］．大连：大连理工大学，2009.
[121] 张艳萍．关于垃圾卫生填埋场建设所面临的问题［J］．城市建设理论研究，2014（15）：1-4.
[122] 韩泽池．太阳能臭氧发生系统用于城市污水处理的研究［D］．保定：河北大学，2013.
[123] 王雅琳．生活垃圾填埋场封场后景观化改造研究［D］．杭州：浙江大学，2015.
[124] 郎明阅．浓硫酸氧化法处理高浓度酚醛树脂废水的研究［D］．沈阳：东北大学，2015.
[125] 刘大超．垃圾填埋场封场设计及封场后维护［J］．中国科技信息，2012（10）：1.
[126] 范洁，张悦，郑兴灿．城市垃圾填埋场渗滤水的水质特征及其处理技术［Z］．
[127] 李亚选，贠英伟，张晓玲，等．垃圾填埋场封场设计及封场后的维护、补救措施［J］．广东建材，2006（6）：2.
[128] 南京鑫耀环境技术有限公司．一种利用化学沉淀法处理工业污水设备：CN202121821219.X［P］．2022-02-18.
[129] 刘富强，唐薇，聂永丰．城市生活垃圾填埋场气体的产生、控制及利用综述［J］．重庆环境科学，2000，22（6）：72-76.
[130] 何士龙．循环式 MAP 技术及其组合工艺用于垃圾渗滤液处理的研究［Z］．
[131] 曾晓岚．垃圾渗滤液循环回灌原位处理试验研究［D］．重庆：重庆大学，2007.
[132] 冯国建．城市生活垃圾填埋场降解及沉降模型研究［D］．重庆：重庆大学，2010.
[133] 成都利尔环保技术开发有限公司．一种中老龄垃圾渗滤液的处理方法及其处理系统：CN201911241039.1［P］．2020-03-27.
[134] 钟文毅．生物接触氧化技术处理超滤含油废水的研究［D］．长沙：中南大学，2006.
[135] 许怀丽．城市生活垃圾卫生填埋场渗滤液导排系统布置与施工技术研究［J］．湖北工程学院学报，2013，33（3）：28-30.
[136] 倪蓁，郑钦玉，雷均，等．垃圾处置地的生态恢复原理与实践：以清泉垃圾填埋场为例［J］．安徽农业科学，2009，37（31）：3.
[137] 刘忠鹏．老垃圾堆放场环境风险评估技术研究［D］．成都：西南交通大学，2014.
[138] 石国民，吴良云．一种速分球滤料：CN201610607224.8［P］．2023-07-05.

[139] 常馨方．垃圾填埋场边坡植被建植和土壤改良技术研究：以北京六里屯垃圾填埋场为例［D］．北京：北京林业大学，2008.

[140] 张焕鑫．关于生活垃圾填埋场设计的几点体会［J］．科技创新与应用，2013（34）：50.

[141] 程容．老龄垃圾渗滤液 MBR/UF/RO 处理前后遗传毒性评估［D］．广州：暨南大学，2017.

[142] 李媛娣，王梅，郑涛．垃圾填埋渗滤液的处理技术［Z］．

[143] 闫啸．垃圾填埋场的环境安全性评价与老陈垃圾资源化利用可行性探讨：以扬州市江都区生活垃圾处理场为例［D］．扬州：扬州大学，2014.

[144] 朱纯祥．城镇生活垃圾卫生填埋场对环境影响的预测方法及控制措施［J］．安徽农学通报，2007，13（1）：59-61，150.

[145] 陈文娟．某工业园区飞灰填埋场渗滤液处理工艺设计［J］．科技成果管理与研究，2022，17（5）：44-47.

[146] 淄博福颜化工集团有限公司．一种臭氧催化氧化与空气吹脱一体的催化吹脱塔：CN202122672352.X［P］．2022-04-15.

[147] 王洁．生活垃圾填埋场景观化改造：以天子岭垃圾填埋场为例［D］．杭州：浙江农林大学，2023.

[148] 李束．软土地基垃圾填埋场沉降的数值模拟［D］．上海：同济大学，2006.

[149] 中华人民共和国住房和城乡建设部．生活垃圾卫生填埋场封场技术规范：GB 51220—2017［S］．北京：中国计划出版社，2017.

[150] 王敬民，云松，徐文龙，等．我国生活垃圾卫生填埋场环境污染全面治理的整体解决方案［J］．城市管理与科技，2009，11（4）：24-27.

[151] 顾磊，郁昂．生活垃圾渗滤液处理技术研究进展［J］．科学时代，2012（6）：83-84.

[152] 甘舸．好氧流化床结合厌氧固定床处理垃圾渗滤液的研究［D］．广州：华南理工大学，2002.

[153] 张仲芳，莫晓媛，邢立焕．化学法处理工业固废渗滤液的工程分析［J］．环境与发展，2020，32（9）：75-76.

[154] 吴思芸．填埋气在含裂隙非饱和覆盖层中运移解析模型［D］．杭州：浙江大学，2017.

[155] 徐媛．南京水阁垃圾填埋场景观重建设计研究［D］．镇江：江苏大学，2022.

[156] 解莹．基于技术标准编制的填埋气体收集与利用系统研究和应用［D］．湖北：华中科技大学，2011.

[157] 金岩．城市垃圾处理厂中渗滤液处理工艺的探讨［J］．黑龙江环境通报，2015，39（1）：70-73.

[158] 沈阳工业大学．一种生活垃圾填埋场日覆盖层的材料及使用方法：CN202110705479.9［P］．2021-08-27.

[159] 赵少奇．短程硝化：厌氧氨氧化在实际垃圾渗滤液处理工程中的启动运行研究［D］．青岛：青岛科技大学，2020.

[160] 王巍，杨世祥．浅谈城市生活垃圾的卫生填埋及治理措施［Z］．

[161] 蒋建国，张妍，杨国栋，等．脱氮兼氧型生活垃圾生物反应器填埋场及渗滤液回灌工艺：CN200710064165.5［P］．2023-07-05.

[162] 许建民．卫生填埋场中期封场植被恢复研究［D］．北京：中国农业大学，2006.

[163] 李悦．天津市双口生活垃圾卫生填埋场渗沥液处理工程研究［D］．天津：天津大学，2013.

[164] 赵由才．生活垃圾卫生填埋技术［M］．北京：化学工业出版社，2004.

[165] 喻文娟．垃圾填埋场封场评价研究［D］．武汉：华中科技大学，2007.

[166] 胡健明．简易填埋场内存量垃圾治理技术浅析［J］．广州化工，2019，47（14）：139-141.

[167] 任泊晓．绥化地区电力市场运行安全与风险管理研究［D］．北京：华北电力大学，2013.

[168] 杭启芹．Z公司货币资金内部控制研究［D］．扬州：扬州大学，2022.
[169] 邹葆焕，张婷，祁海宽，等．基于模糊综合评价的聚光型太阳能热发电项目投资风险研究［J］．中国工程咨询，2017（1）：27-31.
[170] 李巍．目标导向层次分析方法及其应用研究［D］．长春：吉林大学，2019.
[171] 周易富．ERP项目风险管理指标体系的构建及评价研究［D］．北京：首都经济贸易大学，2013.
[172] 陈天霞．我国奶业生产风险因素分析与防范研究［D］．北京：中国农业科学院，2011.
[173] 宣亚雷．二氧化碳捕获与封存技术应用项目风险评价研究［D］．大连：大连理工大学，2013.
[174] 王井芮．城镇污水处理厂运行评价指标体系研究［D］．保定：河北农业大学，2021.
[175] 陈炜．面向服装制造企业的服装供应链风险评估及模型研究［D］．杭州：浙江理工大学，2011.
[176] 胡纪全，曹芹．厌氧/好氧工艺处理生活垃圾填埋场渗滤液［J］．中国资源综合利用，2007（9）：20-21.
[177] 郑宪忠，卢华，魏春玲．生活垃圾填埋场渗沥液收集系统的设计思路探讨：以莱芜市铜山生活垃圾卫生填埋场为例［J］．中国建设信息，2010（15）：68-69.
[178] 董敏，林峰，陈雷雷．平地型垃圾填埋场的水污染防治［J］．山东环境，1999（04）：45-46.
[179] 吕敏燕．兰州新区生活垃圾填埋场渗沥液处理方案优化设计［D］．兰州：兰州大学，2014.
[180] 林启修，涂俊杰．浅谈生活垃圾卫生填埋场气体控制及收集［J］．有色冶金设计与研究，1997（1）：50-54.
[181] 迟军永，张忠原．垃圾场填埋气收集导排和处理利用的研究［J］．节能，2020，39（1）：150-152.
[182] 薛强．填埋气体逸出的非线性动力学模型及其应用［C］//中国土木工程学会．科技、工程与经济社会协调发展：中国科协第五届青年学术年会论文集．中国科学技术出版社，2004.
[183] 吴玲．地表水与地下水交互作用下简易垃圾填埋场地下水污染特征及监测方法［D］．长春：吉林大学，2022.